法政大学イノベーション・マネジメント研究センター叢書 7

企業家活動でたどる
日本の食品産業史

わが国食品産業の改革者に学ぶ

法政大学イノベーション・マネジメント研究センター
宇田川 勝【監修】

生島 淳・宇田川 勝【編著】

文眞堂

監修にあたって

　私たちは，1997年から法政大学産業情報センター（現・法政大学イノベーション・マネジメント研究センター）の研究プロジェクトとして企業家史研究会を発足させ，日本の経営史上の主要テーマと，それをもっともよく体現した企業家活動のケースについて発掘・考察に努めている。そして，その成果を順次，下記の共著の形で刊行してきた。

(1) 法政大学産業情報センター・宇田川勝編『ケースブック　日本の企業家活動』（有斐閣，1999年）
(2) 法政大学産業情報センター・宇田川勝編『ケース・スタディー　日本の企業家史』（文眞堂，2002年）
(3) 法政大学イノベーション・マネジメント研究センター・宇田川勝編『ケース・スタディー　戦後日本の企業家活動』（文眞堂，2004年）
(4) 法政大学イノベーション・マネジメント研究センター・宇田川勝編『ケース・スタディー　日本の企業家群像』（文眞堂，2008年）
(5) 宇田川勝・生島淳編『企業家に学ぶ日本経営史—テーマとケースでとらえよう』（有斐閣，2011年）
(6) 宇田川勝・四宮正親編著『企業家活動でたどる日本の自動車産業史—日本自動車産業の先駆者に学ぶ—』（白桃書房，2012年）
(7) 長谷川直哉・宇田川勝編著『企業家活動でたどる日本の金融事業史—わが国金融ビジネスの先駆者に学ぶ—』（白桃書房，2013年）
(8) 宇田川勝編『ケースブック　日本の企業家—近代産業発展の立役者たち』（有斐閣，2013年）

　(1)〜(4)および(8)の著作はケース集で，日本経営史の主要なテーマに即して代表的な企業家2名を取り上げ，両者の企業家活動の対比を通してテーマとケースについての解説と検討を行い，5冊で総計56テーマ・112名（父

監修にあたって

子の場合は1名とカウント）の企業家を登場させた。

　(5)の著作は，2007〜2008年度に開催された社会人向けの公開講座「日本の企業家史・戦前編」「同・戦後編」の講義と，そこでの議論を踏まえて作成された日本経営史・企業家史の教科書である。同書は上記のケース集(1)〜(4)の中から選りすぐった22のテーマ・ケース（企業家は1名に限定）と4つのコラムを収録し，企業家のダイナミックな活動を通して，日本経営史をいきいきと描いている。

　(6)および(7)の著作は，今回の「企業家活動でたどる日本の産業（事業）史」シリーズの第1巻と第2巻である。このシリーズは，起業精神に富み，革新的なビジネス・モデルを駆使して産業開拓活動に果敢に挑戦し，その国産化を次々に達成していった企業家たちの活動を考察することを目的としている。明治維新後，約30年間で西欧先進国以外で最初の産業革命を実現し，そして第二次世界大戦で廃墟と化した日本を再建し，「経済大国」に発展させた原動力が企業家たちの懸命な産業開拓活動にあったことは多言を要しない。

　いま，日本経済はバブル崩壊後の混迷から脱出し，また，進行する少子高齢化社会に新たな活路を切り開くため，産業構造の転換と新産業の創出が至上命題になっている。私たちが，先人たちの産業開拓活動に取り組んだ「創造力」と「想像力」から学ぶべきことは多いと思われる。

　今後も企業家史研究会メンバー以外の方にも講師をお願いし，公開講座を実施したのち，その成果を取りまとめて，順次刊行する予定である。本シリーズが上記の著作と同様に多くの読者を得，日本経営史・企業家史の研究と学習に資することができれば望外の喜びである。

　最後に，編集にあたりご尽力いただいた文眞堂・前野弘太さんにお礼を申し上げるとともに，法政大学イノベーション・マネジメント研究センターより刊行助成を受けたことを記しておく。

宇田川　勝

法政大学イノベーション・マネジメント研究センター公開講座

企業家活動でたどる日本の食品産業史
－日本食品産業の改革者に学ぶ－

本講座では、食品産業における代表的な企業家を取り上げ、彼らの経営思想や革新的な行動を通して、わが国食品産業の歴史的発展過程とその特色を検証します。明治維新以降、日本に様々な外来文物が流入して衣食住にわたる洋風化・近代化が進展しました。このことを背景に食品産業でもさまざまな企業が生成、近代企業としての形を整え始め、激しい企業間競争を展開するようになります。食品産業は第2次世界大戦後も著しい発展を続け、私たちの食生活を豊かなものにしてくれました。こうした企業を支えたのは創造的で積極果敢な企業家活動であり、そこから学ぶべき教訓は多いはずです。また今後の食品産業のあり方を展望するうえでも、彼らの活動は示唆に富んでいると思われます。
講師は、イノベーション・マネジメント研究センターの研究プロジェクト「企業家史研究会」のメンバーと外部の専門家が担当します。

講座内容
※開場は、全日12:30からです。

第1部 2012年10月13日（土）
- 13:00～14:20 文明開化と食品工業の勃興①飲料：鳥井信治郎（サントリー）／三島海雲（カルピス）
  生島 淳（しょうじま あつし）高知工科大学マネジメント学部講師、「企業家史研究会」メンバー
- 14:30～15:50 文明開化と食品工業の勃興②調味料：中島董一郎（キユーピー）／二代鈴木三郎助（味の素）
  島津 淳子（しまづ あつこ）法政大学大学院博士後期課程経営学専攻、「企業家史研究会」メンバー

第2部 2012年11月17日（土）
- 13:00～14:20 食品大企業の成立①製糖業：鈴木藤三郎（台湾製糖）／相馬半治（明治製糖）
  久保 文克（くぼ ふみかつ）中央大学商学部教授
- 14:30～15:50 食品大企業の成立②製菓：森永太一郎（森永製菓）／ビール：馬越恭平（大日本麦酒）
  丹治 雄一（たんじ ゆういち）神奈川県立歴史博物館学芸部主任学芸員

第3部 2012年12月8日（土）
- 13:00～14:20 新たな食文化の形成：安藤百福（日清食品）／藤田田（日本マクドナルド）
  石川 健次郎（いしかわ けんじろう）同志社大学名誉教授
- 14:30～15:50 在来食品工業の改革：二代茂木啓三郎（キッコーマン）／七代中埜又左エ門（ミツカン）
  生島 淳（しょうじま あつし）高知工科大学マネジメント学部講師、「企業家史研究会」メンバー

会 場	法政大学市ヶ谷キャンパス ボアソナード・タワー25階 イノベーション・マネジメント研究センター セミナー室
対 象	学生、一般社会人、企業経営者に関心のある方、企業広報・社史の担当者
定 員	40名
受講料	全3部 一般：15,000円　法政大学卒業生：5,000円 部単位（第1部、第2部、第3部）の各部）一般：各6,000円　法政大学卒業生：各2,000円 ※法政大学学生（学部生・大学院生（研究生・研修生）・通信教育部本科生）は「全3部」「部単位」ともに無料
申込方法	氏名、所属（法政大学学生の方は、学部生・大学院生（研究生・研修生）・通信教育部本科生より該当する所属と学生証番号を明記）、受講を希望する部（「全3部」または、第1部、第2部、第3部の各部）、連絡先の郵便番号・住所・電話番号・FAX番号、E-mailアドレス、法政大学卒業生の方は卒業年度を明記の上、FAXまたはE-mailで法政大学イノベーション・マネジメント研究センター宛にお申し込みください。 ※個人情報の扱いは厳重に管理しております。法政大学に関連するイベント開催の通知を目的としており、それ以外の目的では使用しておりません。
申込期限	「全3部」および第1部の受講：9月24日（月）、第2部の受講：10月29日（月）、第3部の受講：11月19日（月）
お支払方法	お申込後に振込先等の詳細をご連絡しますので、開講2週間前までに指定口座へお振り込みください。
お問い合せ	法政大学イノベーション・マネジメント研究センター TEL: 03-3264-9420　FAX: 03-3264-4690 E-mail: cbir@adm.hosei.ac.jp　URL: http://www.hosei.ac.jp/fujimi/riim

法政大学イノベーション・マネジメント研究センター
RIIM
〒102-8160 東京都千代田区富士見2-17-1
TEL: 03(3264)9420　FAX: 03(3264)4690
URL:http://www.hosei.ac.jp/fujimi/riim
E-mail:cbir@adm.hosei.ac.jp

2012年7月9日版

注：肩書き・所属は当時のもの。

■執筆者紹介（執筆順，☆は編著者）

☆宇田川　勝（うだがわ　まさる）　　　　　　　　　　　　担当：序章
　　　法政大学経営学部教授

☆生島　淳（しょうじま　あつし）　　　　　担当：序章、第1章、第5章
　　　高知工科大学マネジメント学部講師

　島津　淳子（しまづ　あつこ）　　　　　　　　　　　　　担当：第2章
　　　法政大学大学院博士後期課程経営学専攻

　久保　文克（くぼ　ふみかつ）　　　　　　　　　　　　　担当：第3章
　　　中央大学商学部教授

　石川　健次郎（いしかわ　けんじろう）　　　　　　　　　担当：第4章
　　　同志社大学名誉教授

目　次

序章　企業家活動でたどる日本の食品産業史
　　　―わが国食品産業の改革者に学ぶ― ………………………………… *1*

　1．本書刊行の経緯と意図 ……………………………………………… *1*
　2．日本の食品産業の略史 ……………………………………………… *2*
　　【戦前期】……………………………………………………………… *2*
　　【戦後期】……………………………………………………………… *6*
　3．本書の構成 …………………………………………………………… *8*

第1部

第1章　文明開化と食品産業の勃興：飲料
　　　―鳥井信治郎（サントリー）と三島海雲（カルピス）― …… *13*

　はじめに ………………………………………………………………… *13*
　1．鳥井信治郎 ………………………………………………………… *14*
　　1-1．商人への途 …………………………………………………… *14*
　　　1-1-1．両替商の家に生まれる ………………………………… *14*
　　　1-1-2．鳥井商店の開業 ………………………………………… *15*
　　1-2．ワイン事業の成功 …………………………………………… *16*
　　　1-2-1．「赤玉ポートワイン」を発売 …………………………… *16*
　　　1-2-2．画期的な販売戦略 ……………………………………… *17*

1-2-3. 経営基盤の確立 …………………………………………… 20
　1-3. 国産ウイスキーの事業化………………………………………… 21
　　1-3-1. 国産ウイスキー製造への決意 …………………………… 21
　　1-3-2. 山崎工場の建設 …………………………………………… 22
　　1-3-3.「サントリーウイスキー白札」の発売 ………………… 23
　　1-3-4. 多角化戦略とその挫折 …………………………………… 24
　　1-3-5.「サントリーウイスキー角瓶」の成功 ………………… 25
　1-4. 国産洋酒のパイオニア…………………………………………… 26
 2．三島海雲………………………………………………………………… 27
　2-1. 多感な少年・青年時代…………………………………………… 27
　　2-1-1. 貧しい寺に生まれる ……………………………………… 27
　　2-1-2. 文学寮に学ぶ ……………………………………………… 28
　2-2. 中国大陸での経験と新たな食品工業への挑戦 ……………… 29
　　2-2-1. 中国大陸での事業活動 …………………………………… 29
　　2-2-2.「醍醐味」の製造 ………………………………………… 31
　　2-2-3.「ラクトーキャラメル」の失敗 ………………………… 33
　2-3. カルピスの事業化に成功………………………………………… 34
　　2-3-1.「カルピス」の誕生 ……………………………………… 34
　　2-3-2. 積極的な販売政策 ………………………………………… 35
　　2-3-3. 乳酸飲料の代名詞に ……………………………………… 38
　2-4. カルピスの発展と三島海雲 …………………………………… 39
 おわりに …………………………………………………………………… 40

第2章　新たな調味料を大衆食文化として定着させた企業家
　　　　　──二代鈴木三郎助（味の素）と中島董一郎（キユーピー）── …… 43

 はじめに …………………………………………………………………… 43
 1．二代鈴木三郎助………………………………………………………… 44
　1-1. 一族による経営体制の確立 …………………………………… 44

1-2. 池田菊苗の特許工業化と「味の素」の発売 …………… 47
　　1-3. 株式会社鈴木商店の設立と味の素の事業拡大 ………… 50
　　1-4.「味の素」大衆化戦略 …………………………………… 52
　2．中島董一郎 ……………………………………………………… 55
　　2-1. 海外留学でつかんだ企業の芽 …………………………… 55
　　2-2. 缶詰仲次業として独立 …………………………………… 57
　　2-3. マヨネーズの製造・販売に参入 ………………………… 58
　　2-4. キユーピーマヨネーズの大衆化戦略 …………………… 63
　おわりに …………………………………………………………… 65

第2部

第3章　食品大企業の成立：製糖業
　　―鈴木藤三郎（台湾製糖）と相馬半治（明治製糖）― ………… 73

　はじめに …………………………………………………………… 73
　1．近代製糖業の概観 ……………………………………………… 75
　　1-1. 心臓部としての原料甘蔗 ………………………………… 75
　　1-2. 米糖相剋 …………………………………………………… 76
　　1-3. 近代製糖業の業界再編 …………………………………… 78
　2．鈴木藤三郎と台湾製糖 ………………………………………… 79
　　2-1. 日本精製糖業のパイオニア―前史― …………………… 79
　　2-2. 日本精製糖を舞台とした新旧経営陣の対立 …………… 81
　　2-3. 近代製糖業の父―パイオニア台湾製糖の誕生― ……… 82
　3．相馬半治と明治製糖 …………………………………………… 84
　　3-1. 製糖業との出会い ………………………………………… 84
　　3-2. 明治製糖の誕生 …………………………………………… 86
　　3-3.「大明治」とベストパートナー有嶋健助 ……………… 88
　4．近代製糖業の発展―むすびに代えて― ……………………… 93

第3部

第4章　新たな食文化の形成
　　　　―藤田田（日本マクドナルド）と安藤百福（日清食品）― ········ *101*

はじめに―高度経済成長期の日本社会― ··· *101*
　1．藤田田の企業家活動 ·· *104*
　2．安藤百福の企業家活動 ·· *108*
おわりに―企業家と「生活の前提」― ·· *113*

第5章　在来食品産業の改革
　　　　―二代茂木啓三郎（キッコーマン）と七代中埜又左エ門（ミツカン）― ··· *118*

はじめに ·· *118*
　1．二代茂木啓三郎 ·· *119*
　　1-1．野田醤油の成立 ··· *119*
　　1-2．二代茂木啓三郎を襲名 ··· *121*
　　　1-2-1．野田醤油に入社 ·· *121*
　　　1-2-2．「産業魂」を提唱 ·· *122*
　　1-3．キッコーマン醤油の経営革新 ·· *124*
　　　1-3-1．多角化事業への着手 ··· *124*
　　　1-3-2．キッコーマン醤油の海外進出 ··· *126*
　　1-4．二代啓三郎から十代茂木佐平治へ ·· *129*
　2．七代中埜又左エ門 ·· *131*
　　2-1．中埜家と食酢事業 ··· *131*
　　2-2．七代又左エ門を襲名 ··· *133*
　　　2-2-1．社長就任まで ·· *133*
　　　2-2-2．「三身活動」を提唱 ·· *134*

2-3. 中埜酢店の経営革新 …………………………………………… *136*
　　　2-3-1.「脱酢作戦」の実施………………………………………… *136*
　　　2-3-2. 中埜酢店の海外進出 ……………………………………… *139*
　　2-4. 七代又左エ門から八代又左エ門へ …………………………… *142*
　おわりに …………………………………………………………………… *143*

　事項索引 ……………………………………………………………………… *145*
　人名索引 ……………………………………………………………………… *148*

序章
企業家活動でたどる日本の食品産業史
―わが国食品産業の改革者に学ぶ―

1. 本書刊行の経緯と意図

　本書は，2012（平成24）年10月から12月にかけて3回実施された，2012年度法政大学イノベーション・マネジメント研究センター主催による公開講座「企業家活動でたどる日本の食品産業史―日本食品産業の改革者に学ぶ―」の講義にもとづいて編集されたものである。

　公開講座の実施に際しては，研究者・学生はもとより業界関係者や一般のみなさんにも広く参加を呼びかけ，多くの貴重なご意見を頂戴することができた。改めて厚くお礼申し上げたい。また，講座の実施と本書の刊行にあたり協力いただいた法政大学イノベーション・マネジメント研究センターのスタッフにお礼申し上げたい。

　講義の際と同じく，本書を編集するにあたって留意したのは，一般のみなさんに少しでも食品産業の歴史や，そこで活躍した企業家像に親しんでいただきたいということである。明治維新以降，日本に外来文物が次々と流入して衣食住にわたる洋風化・近代化が進展した。このことを背景に，食品産業でもさまざまな企業が生成し，近代企業としての形を整え始め，激しい企業間競争を展開するようになった。食品産業は第二次大戦後も著しい発展を続け，われわれの食生活を豊かなものにしてくれた。そのような食品産業の成り立ちとそこで積極果敢に産業の育成に貢献した企業家の現実の姿に思いを巡らしていただきたいというのが，本書の意図するところである。

本書は，企業家活動を通じて日本の食品産業史を論じる試みであるため，食品産業の歴史的な発展に関わる全体像をつかみにくいという懸念がある。まして，数多くの企業家のなかから10名をピックアップしただけに過ぎない。そこで，まず，本書で取り扱う明治期から高度成長期までの，日本の食品産業の歴史的な発展の様相について簡単にスケッチしておこう。

2. 日本の食品産業の略史

【戦前期】

　明治維新により近代国家の道を歩み始めた日本は，欧米の進んだ思想や生活様式を次から次へと取り入れていった。こうした"文明開化"の風潮は，日本の食生活の面で大きな変革をもたらした。西洋料理とそれに用いる食品材料（野菜・果実など）が続々と紹介され，日本人の手によってビール，パン，洋菓子，乳製品などの製造が始まり，西洋料理店も開店された。その背景には，政府による殖産興業政策の推進と欧米人にひけをとらない身体づくりのための肉・乳製品摂取の推奨があった。さらに西洋料理や洋菓子が普及するにつれて，製糖，製粉，ビール，缶詰を中心とする食品企業が急成長を遂げた。それらは欧米の生産設備・技術を積極的に導入していったのである。

　明治20年代に入り，日本産業が企業勃興の時代を迎えると，鉄道，海運，電力，石炭等の発達に促される形で民間の大企業が次々に誕生，食品でもビール，製粉，製糖などが近代工業の基礎を確立した。例えばビールでは，ジャパン・ブルワリー・カンパニー（キリンビールの前身），日本麦酒会社（サッポロビールの前身のひとつ），札幌麦酒会社（同），大阪麦酒会社（アサヒビールの前身）など，大資本を有する本格的な会社組織のビール会社が相次いで誕生した。加えて，科学知識や技術の発達が，食品工場の生産性向上をもたらした。

　このように，日本の近代社会の成立にともない，明治末年までに，従来の

味噌，醤油などの伝統的な食品に加えて，パン・菓子，清涼飲料，洋酒，牛乳・乳製品，肉製品，洋風調味料，缶詰など，今日の食品産業の主要業種の多くが誕生・発展したのである。

こうした動きに拍車がかかったのが，大正期だった。明治末年から始まった産業革命により，食品を含む軽工業を中心に国を支える近代的産業基盤が整いつつあった。さらに1914（大正3）年の第一次大戦の勃発で未曾有の好景気が到来した。とくに都市部では重化学工業の進展にともなって人口の集中現象が起こると，「新中産層」が形成され，彼らが新しい生活様式，すなわち衣食住にわたる洋風化を受け入れ始めたのだった。食品では明治期に製造されたパン，牛乳，洋酒（ビール，ウイスキー等），バター，洋菓子類，ハムなどの普及が顕著になった。こうした国内の消費増大に呼応するかのように，新たな企業も次々と誕生し，食品の多様性が増していった。自らの知恵（アイデア）と才覚で徒手空拳からのし上がった中小資本家が多く存在したのも，この頃の食品産業の特徴といえる。

さらに，すでに近代工業としての基盤を確立していた製糖業，製粉業，ビール業などでは，吸収合併を繰り返すなどして，大規模な事業体制を築いた有力企業もあった。1930（昭和5）年時点の工業会社ランキング（資産額ベース：上位100社）には，大日本製糖（8位），台湾製糖（11位），塩水港製糖（14位），大日本麦酒（15位），明治製糖（19位），帝国製糖（43位），日本製粉（50位），日清製粉（54位），日本麦酒鉱泉（55位），麒麟麦酒（66位），森永製菓（72位），鈴木商店（味の素）（82位）などが名を連ねている。

明治期から昭和初期に創業した食品企業および活躍した企業家をまとめれば，以下のようになる。

食品産業史年表（明治から昭和初期まで：企業家を中心に）

年号	月	事項
1869（明治2）	2	木村安兵衛，東京芝日蔭町に「文英堂（木村屋総本店の前身）」を開業
	6	町田房蔵，横浜・馬車道通りに「氷水屋」を開店，「あいすくりん」を売

			り出す
1870（明治3）		-	ウィリアム・コープランド，横浜にビール醸造所スプリングバレー・ブルワリーを設立
1875（明治8）		-	秋元巳之助，横浜でラムネの製造販売を開始。1887年「金線サイダー」発売
1876（明治9）		9	開拓使麦酒醸造所（サッポロビールの前身）を竣工（主任技師に中川清兵衛）。「札幌冷製ビール」を発売
1877（明治10）		-	小西儀助，大阪で混成ブドウ酒，ブランデーなどを製造販売
1879（明治12）		-	雨宮敬次郎，東京に製粉工場「泰靖社」を設立
1880（明治13）		4	神谷伝兵衛，東京浅草に「みかはや銘酒店」（後の神谷バー）を開業
		9	中部幾次郎，明石で鮮魚仲買・運搬業に従事 ※マルハの創業
		-	國分勘兵衛（9代），醤油製造を廃止して，食品卸問屋「国分商店」を開店
1882（明治15）		2	赤堀峯吉，東京日本橋に赤堀割烹教場（赤堀料理専門学校の前身）を開設 ※日本初の料理学校
1884（明治17）		6	鈴木藤三郎，静岡県に氷糖工場を設置
1885（明治18）		7	横浜の在留外国人ら，ジャパン・ブルワリー・カンパニー（キリンビールの前身）設立。1888年「キリンビール」を発売
		10	磯野計，横浜で「明治屋」を創業
1887（明治20）		2	雨宮敬次郎ら，東京浅草に有限責任日本製粉会社を設立
		9	東京に有限責任日本麦酒醸造会社設立（社長に鎌田増蔵）。1890年に「エビスビール」を発売
		-	四代中埜又左衛門（中埜酢店社長），愛知県半田に丸三麦酒醸造所を設立
1888（明治21）		-	打木彦太郎，横浜に「ヨコハマベーカリー宇千喜商店」（ウチキパン）開店
1889（明治22）		1	大日本水産会，水産伝習所（1897年に農商務省所管の水産講習所）を開設
		6	鈴木藤三郎，氷糖工場を東京に移し，鈴木製糖所とする
		11	有限責任大阪麦酒会社（アサヒビールの前身）設立（社長に鳥井駒吉，支配人兼技師長に生田秀）
1891（明治24）		1	小野義真・岩崎弥之助・井上勝，岩手県に小岩井農場設立
1892（明治25）		4	宮崎光太郎，山梨県に大黒葡萄酒㈱（メルシャンの前身）を創設
1893（明治26）		2	馬越恭平，日本麦酒㈱（有限責任日本麦酒会社から改組）の専務取締役に就任
		-	南条新六郎・境豊吉，東京製粉合資会社（日本製粉の前身）を設立
		-	川上善兵衛，岩の原葡萄園・醸造所設置
1894（明治27）		-	高峰譲吉，強力消化剤「タカジアスターゼ」を抽出
1895（明治28）		12	鈴木藤三郎，日本精製糖㈱創立し，専務取締役に就任
1896（明治29）		2	木村幸次郎，大阪に山城屋（イカリソースの前身）を開店。錨印ソースを発売
1899（明治32）		2	鳥井信治郎，大阪で鳥井商店（サントリーの前身）を開業。ブドウ酒製造を開始
		8	森永太一郎，東京赤坂に森永西洋菓子製造所を開業。1913年にミルクキャラメルを発売

2. 日本の食品産業の略史

	−	蟹江一太郎，トマトの栽培開始，トマトソースの製造開始
1900（明治33）	1	中川安五郎，長崎市にカステラ専門店「文明堂」を開業
	10	正田貞一郎，群馬県に館林製粉㈱（日清製粉の前身）設立
	12	台湾製糖㈱創立，鈴木藤三郎社長に就任
1901（明治34）	12	相馬愛蔵・黒光夫妻，東京に中村屋を開業
1902（明治35）	7	福原有信，東京銀座に「ソーダ・ファウンテン」（資生堂パーラーの前身）を開店
	−	小島仲三郎，食料品卸「三沢屋商店」（ブルドックソースの前身）を創業。翌年「ウスターソース」の製造開始
1903（明治36）	4	神谷伝兵衛，「蜂印香竄葡萄酒」を発売
1904（明治37）	10	合資会社大里製糖所（鈴木商店経営：大番頭金子直吉）開業
1905（明治38）	1	松崎半三郎，森永商店に入社
1906（明治39）	3	札幌麦酒，日本麦酒，大阪麦酒が合併し，大日本麦酒㈱設立。社長に馬越恭平就任
1907（明治40）	2	米井源治郎（明治屋社長）ら，ジャパン・ブルワリーを買収して麒麟麦酒㈱設立。
	6	二代鈴木三郎助，合資会社鈴木製薬所（味の素の前身）設立。1909年に「味の素」一般販売を開始
	−	堤清六ら，新潟県に堤商会（旧ニチロの前身）設立
	−	佐久間惣次郎，東京神田に「三港堂」を開業，ドロップ（後のサクマ式ドロップ）を製造販売
1910（明治43）	11	藤井林右衛門，横浜市に不二家洋菓子店舗（不二家）を開店
1911（明治44）	5	田村市郎，山口県に田村汽船漁業部（日本水産の前身の一つ）を設立
1913（大正2）	11	浦上靖介，大阪に薬種化学原料店「浦上商店」（ハウス食品の前身）を開業
1914（大正3）	3	田村市郎，日魯漁業㈱設立
	9	古谷辰四郎ら，北海道煉乳㈱（明治乳業の前身）設立。
	12	蟹江一太郎，愛知トマトソース製造合資会社（カゴメの前身）設立
1915（大正4）	−	相馬半治，明治製糖㈱（1906年設立）社長に就任
1916（大正5）	4	大宮庫吉，四方合名会社（1905年設立・宝酒造の前身）に入社
	12	大正製菓㈱（明治製菓の前身の一つ）設立。社長に相馬半治就任。翌年東京菓子㈱（同年設立）に吸収
	−	甲斐清一郎，福島市に「丸美屋」を創業。1927年「是はうまい」（ふりかけの元祖）を発売
1917（大正6）	6	高碕達之助ら，東洋製缶㈱設立
	10	三島海雲，ラクトー㈱（カルピスの前身）設立。1919年に「カルピス」を発売
	12	千葉県野田市の醤油業，茂木・高梨一族8家の合同で野田醤油㈱（キッコーマンの前身）設立
1918（大正7）	2	中島董一郎，罐詰中次業「中島商店」（㈱）中島董商店の前身）を設立。
1919（大正8）	11	中島董一郎ら，東京に食品工業（株）（キューピーの前身）を設立。1925年に「キューピーマヨネーズ」を発売
	12	盛田善平，愛知県に敷島製パンを設立
1920（大正9）	4	小出孝男，桃屋商店（桃屋の前身）創業。びん・缶詰製造販売開始

		8	柴田文次，横浜市にコーヒー商「木村商店」（キーコーヒーの前身）を創立
1921（大正10）		4	江崎利一，大阪に合名会社江崎商店（江崎グリコの前身）を設立。栄養菓子「グリコ」を創製
		7	加富登麦酒，帝国鉱泉，日本製壜が合併し，日本麦酒鉱泉㈱成立。社長に根津嘉一郎就任
		−	大塚武三郎，徳島県に大塚製薬工業部（大塚製薬工場の前身）を設立
1922（大正11）		5	舟橋甚重，名古屋市にパン和洋菓子製造販売「金城軒」（フジパンの前身）創業
1923（大正12）		4	山﨑峯次郎，東京浅草に「日賀志屋」（エスビー食品の前身）を設立
		−	今井與三郎，新潟県に浪花屋製菓を創業。「柿の種」発売
1925（大正14）		5	宇都宮仙太郎ら，北海道製酪販売組合（雪印の前身）設立
1928（昭和3）		3	伊藤伝三，大阪に食品工業（伊藤ハムの前身）を設立
1930（昭和5）		−	代田稔，乳酸桿菌（シロタ株）を発見　※1955年，ヤクルト本社設立
1931（昭和6）		5	後藤磯吉，静岡県清水市に後藤缶詰所（はごろもフーズの前身）を設立
		9	竹岸政則，竹岸ハム商会（プリマハムの前身）を設立
1933（昭和8）		−	上島忠雄，神戸に上島忠雄商店（UCC上島珈琲の前身）を設立
1934（昭和9）		7	竹鶴政孝ら，大日本果汁㈱（ニッカウヰスキーの前身）を設立

出所：江原・東四柳編［2011］『日本の食文化史年表』吉川弘文館。
　　西東編［2011］『年表で読む日本食品産業の歩み（明治・大正・昭和前期編）』山川出版社。他から作成。

　しかし，1937年に勃発した日中戦争を契機に，食品産業は統制経済体制のもとに置かれた。生産・販売に対する自由度がなくなり，食に関するあらゆる物資に配給統制制度が導入された。そして，企業整備令の施行（1942年5月）で企業の統廃合が進み，各種の統制会社が設立された。さらに戦局の悪化に伴い，食品工場の多くが軍事関係の製造場へと転換を余儀なくされ，かつ空襲で大きな被害を被った。

【戦後期】

　終戦を迎えても，国民の食生活は困窮を極めていた。終戦後の復員や海外からの引き揚げで国内人口が増える一方，外米の輸入途絶や国内穀物の大減産が重なり，極端な食料不足に陥っていた。食品会社も，先述のように，生産設備が戦災で打撃を受け，ほとんど稼働は停止状態にあった。さらに，戦時中に開拓した市場を失い，領土返還によって資源の補給も途絶していた。戦時中からの統制が残り，物資の配給制も続いていた。そのため，多くの食

品大企業が，例えば味の素がDDTをつくったように，残存設備を利用した副業で経営を支えていた。

　その後，1949年頃から，設備の修復とともに生産が徐々に回復，原料および販売の統制も順次撤廃されていった。一方で，1950年6月に勃発した朝鮮戦争の特需でさらなる復興の足がかりをつかみ，1953年頃に戦前の水準まで生産を回復させた。さらに，1955年に日本が「関税及び貿易に関する一般協定（GATT）」に加入したことにより，食品製造の原料の輸入自由化が促進され，増産が可能になった。

　1950年代半ばに高度経済成長期に入ると，国民の可処分所得が拡大し，人々が自由に消費生活を享受できる社会"大衆消費社会"が出現した。食生活も「三種の神器」に象徴される電化製品の家庭への浸透に後押しされ，内容を大きく変化させた。すなわち，食生活の洋風化のいっそうの進展である。主食では米麦が減りパン類が増加，副食では肉，乳，卵が伸び，芋類が減少した。調味料では，醤油や味噌に比べてマヨネーズ，ケチャップ，食用油が大きな伸びを示した。酒類では，ビールの伸長が顕著になった。コーンフレークも新たな朝食メニューとして浸透をみせた。食品企業でも，外国から高度な製造設備を導入して量産体制を確立させ，かつ経営を多角化して新部門への進出も目立つようになった。また，スーパーマーケットの台頭も食品流通のあり方を大きく変えた。食品の「大量生産・大量販売・大量消費」が進展したのであった。

　加工食品の利用度も増え，とくにインスタント食品が相次いで登場・普及した。例えば，1958年に日清食品から「チキンラーメン」，1960年には森永製菓からインスタントコーヒー，1964年には大塚食品からレトルト食品「ボンカレー」がそれぞれ発売された。1971年には「カップヌードル」が登場した。冷凍食品も家庭へ冷凍冷蔵庫や電子レンジの普及により，一般家庭へ徐々に浸透していった。インスタント食品も冷凍食品も，女性の社会進出・核家族化の進展を背景とする"食の簡便化"志向のなかで，量および種類を急増させた。

一方，所得水準の向上，余暇の増大，食生活のレジャー化など，国民のライフスタイルが変化するなか，外食産業が急速に拡大した。1969年に第二次資本自由化が実施され，飲食業は100％自由化となり外資系外食企業が続々と日本に"上陸"したことがそのきっかけであった。1971年には藤田商店とアメリカのマクドナルドが合弁で日本マクドナルド社を設立，東京銀座に第1号店をオープンさせた。次々と新たな外食チェーンが開業するなか，食品会社からも外食産業への参入が相次いだ。

その後，食品企業各社は，バブル経済から平成不況へと変転するなかで，健康志向，グローバル化，個食化，グルメ化（高級志向），自然志向，食の安全などといったトレンドを掴みつつ，日本国民の食生活を豊かにすべく挑戦し続けている。

3. 本書の構成

本書全体の構成について説明を加えておきたい。

第1部では，明治期から大正期における食品産業の勃興期に，ユニークな企業家活動を展開して新たな食文化を築いた企業家を紹介する。第1章では飲料をテーマに，鳥井信治郎（サントリー）と三島海雲（カルピス）を取り上げ，両者が飲料事業に着手するまでの経緯と，それぞれの代表的な製品をいかにして誕生させ，かつ市場浸透をどのように図ったのかを検討した（執筆者：生島淳）。第2章は調味料をテーマに，二代鈴木三郎助（味の素）と中島董一郎（キユーピー）を取り上げ，食生活が変化するなかで，新たな食文化を創造して知名度のない調味料をいかに大衆化させていったのか，両者の企業家活動の比較を通して検討した（執筆者：島津淳子）。

第2部では，明治末から大正・昭和前期にかけて，大規模化・近代化を成し遂げて食品産業の発展を主導し，かつ日本の工業生産においても大きな地位を占めるようになった分野を紹介する。第3章では，製糖業をテーマに，鈴木藤三郎（台湾製糖）と相馬半治（明治製糖）を取り上げ，両社の草創期

において彼らがいかにして製糖業の近代化を成し遂げて，業界および日本の軽工業をリードしていったのかを，激しい企業間競争と M&A を交えながら検討した（執筆者：久保文克）。

　第 3 部では，第二次大戦後の食品産業におけるユニークな企業家活動の事例を紹介する。第 4 章では，藤田田（日本マクドナルド）と安藤百福（日清食品）を取り上げ，ハンバーガーとカップヌードルを日本に普及させることで，日本人の伝統的な食生活を"破壊"し，新たな食生活を"創造"した両者の企業家活動について検討する（執筆者：石川健次郎）。第 5 章では，逆に食の洋風化の進展で脅かされた日本の伝統的な食品を扱う在来産業の革新のケースとして，二代茂木啓三郎（キッコーマン）と七代中埜又左エ門（ミツカン）を取り上げ，彼らの企業家活動を，トップマネジメントとしての理念と戦略に焦点をあてながら検討した（執筆者：生島淳）。

　なお，公開講座では，第 4 回目に「食品大企業の成立 ② 製菓：森永太一郎（森永製菓）とビール：馬越恭平（大日本麦酒）」と題して，丹治雄一氏（神奈川県立歴史博物館学芸部主任学芸員）が，製糖業と同じく大規模化を主導して，製菓業とビール業の発展を牽引した森永と馬越の企業家活動を紹介した。しかし，残念ながら，諸般の都合で掲載することができなかった。ご了承いただきたい。

参考文献
有沢広巳監修，山口和雄・服部一馬・中村隆英・宮下武平・向坂正男編『日本産業百年史』日本経済新聞社，1966 年。
江原絢子・東四柳祥子編『日本の食文化史年表』吉川弘文館，2011 年。
西東秋男『日本食文化人物事典―人物で読む日本食文化史』筑波書房，2005 年。
西東秋男編『年表で読む日本食品産業の歩み（明治・大正・昭和前期編）』山川出版社，2011 年。
産業学会編『戦後日本産業史』東洋経済新報社，1995 年。
昭和女子大学食物学研究所『近代日本食物史』近代文化研究所，1971 年。
高村寿一・小山博之編『日本産業史 3』日本経済新聞社，1994 年。
田村正紀『消費者の歴史』千倉書房，2011 年。
由井常彦・大東英祐編『日本経営史 3　大企業時代の到来』岩波書店，1995 年。

　　　　　　　　　　　　　　　　　　　　　　　　　　（宇田川　勝）

第1部

第1章
文明開化と食品産業の勃興：飲料
―鳥井信治郎（サントリー）と三島海雲（カルピス）―

はじめに

　文明開化とは，明治初期における西洋の近代的な思想や生活様式を積極的に取り入れようとした風潮をいう。具体的には鉄道の開通，電信・郵便の開始，西洋建築・洋服・洋食・散髪の奨励，学制の施行などがあげられる。そうしたなかで，様々な西洋の文物が日本に流入し，市井の衣食住全般にわたる生活様式が変化していった。とくに食の面では，明治初年に西洋料理店が開業し，洋酒，清涼飲料，パン，洋菓子，乳製品などの製造が始まった。またこの動きに呼応して洋風消費財を扱う問屋や小売店も出現していった。
　いわゆる「食の洋風化」は，大正時代に入って拍車がかかった。重化学工業の進展にともなって人口の都市への集中化現象が起きると，サラリーマン層を中心とする「新中産層」が形成された。彼らが新しい生活様式の担い手となり，そこでは牛乳，パン，洋菓子類，ビールなどの普及が顕著になった。こうした過程で食品産業は著しく発達し，多くの企業が近代化を成し遂げ，かつ激しい企業間競争を展開していった。加えて，新たな企業が次々に誕生・参入し，様々な商品が店頭を賑わすようになった。
　本章のテーマである飲料に関しては，伝統的な茶（緑茶）と酒（日本酒）が占めていたなかで，西洋の飲みものが次々に拡大していく過程であった。すなわち，清涼飲料（主に炭酸飲料，果実飲料，乳性飲料），コーヒー，紅茶，牛乳などのソフトドリンク類や，ビール，ワイン（ブドウ酒），ウイス

キーなどの洋酒が徐々に浸透していったのである。そして，このような舶来品を国産品に置き換えていく，あるいは「カルピス」のようなこれまでに例のない飲料を発明する主体（企業家または企業）は，自らの製品の確立だけでなく，市場開拓や販売ルート確保など，どうしたら消費者に受け入れてもらえるかについても意を注いでいかねばならなかった。

　そこで本章では，寿屋（現在のサントリーホールディングス）の鳥井信治郎とカルピスの三島海雲を取り上げ，彼らが飲料事業に着手するまでの経緯，それぞれの代表的な商品（「赤玉ポートワイン」「サントリーウイスキー」あるいは「カルピス」）がどのように誕生したのか，そしていかにして市場浸透を図っていったのかを中心に検討していこう。

1. 鳥井信治郎

1-1. 商人への途

1-1-1. 両替商の家に生まれる

　鳥井信治郎は，1879（明治12）年1月30日，大阪市東区釣鐘町に生まれた。父親は両替商を営んでいた鳥井忠兵衛で，母はこまといった。

　父忠兵衛は1890年に両替商から米屋に転じた。その理由はわからないが，彼は信用を第一とするという大阪商人らしく，商売熱心で米屋をうまく切り盛りしていった。母こまは，健康的で明るく，常に恵まれない人に手を差し伸べる優しい性格を持ち合わせていた。

　信治郎は負けず嫌いな性格で，かなりの腕白者だった。それでいて，学校の成績はかなり良かった。1887年に東区島町にある小学校に入学したが，翌年には高等小学校に編入した。さらに高等小学校は4年制だったが，信治郎はそこにも2年間在籍しただけで，梅田にある大阪商業学校に入学した。現在でいう「飛び級」をしたのであった。その大阪商業学校にも2年在学しただけで，信治郎は，若いうちから商業の現場経験を積ませたいという父忠兵衛の意向もあって，道修町の薬種問屋小西儀助商店（現在のコニシ株式

会社）へ丁稚奉公に出ることになった。1892年，信治郎13歳のときだった。

1-1-2. 鳥井商店の開業

小西儀助商店は主に漢方薬を取り扱っていたが，西洋の薬も輸入し，ブドウ酒やブランデーなどの洋酒も手掛けていた。信治郎にとって丁稚奉公はかなり苦しいものだったが，そこで化学の知識や薬品の調合技術を身につけた。洋酒についても，小西儀助商店では「赤門印葡萄酒」を扱っていたから，それに対する知識や製造方法，さらには微妙な味と香りを嗅ぎ分ける舌と鼻を養っていった。

鳥井信治郎
出所：サン・アド編［1969］。

小西儀助商店で3年ほど働いたのち，信治郎は同じく大阪の博労町にある小西勘之助商店に移った。海外の絵具・染料を扱う問屋で，信治郎はそこでも調合の技術をさらに磨いていった。信治郎は同店でも3年ほど働いた。

小西儀助商店と小西勘之助商店はともに外国からの輸入品を扱っていたので，西洋の文物に囲まれた生活は，若い信治郎に大きな影響を与えたと思われる。また信治郎は調合の技術だけでなく，商売のコツやものづくりへの関心を高めていった。後年，信治郎がワイン事業で成功し，ウイスキー製造事業のパイオニアとなる素地はまさにこの時期に作られたといえる。

そして信治郎は，1899年2月に独立し，大阪の西区靱中通りに小さな家を借りて，鳥井商店を開業した。

開業当初，鳥井商店では主にブドウ酒の製造販売を行っていた。といっても，アルコールに砂糖や各種の香料を混合してブドウ酒に近い風味を出し

た，いわゆる合成酒だった。合成酒をつくる際に，丁稚奉公時代に習得した調合の知識と技術を活かしたのはいうまでもない。なお，鳥井商店の得意先は清国人の貿易商だった。日本では日清戦争終結後から対中貿易が活発化したため，販売も順調に伸びていった。

製造量が増えて作業場が手狭に感じるたびに，信治郎は敷地の広いかつ輸送に便利なところを求めて移転していった。そして開業3年目に，南区安堂寺橋通りに4間ほどの店を構え，店員も数名雇えるようになった。

1-2. ワイン事業の成功
1-2-1.「赤玉ポートワイン」を発売

南区安堂寺橋通りに店を構えた頃，信治郎は神戸で洋酒の輸入を営むセレース兄弟商会に出入りするようになり，そこで本場の輸入ワインを試飲する機会を得た。この時鳥井商店では，清国向けの輸出専門の方針を改めようとしていた。セレース商会で本場のブドウ酒の味を知った信治郎は，これを日本で売り出そうと決心し，同商会からスペインの良質のブドウ酒（樽詰め）を買い入れ，それを瓶詰めにして売り出してみた。

しかしながら，信治郎の期待に反してブドウ酒の売行きは良くなかった。スペイン産のブドウ酒は当時の日本人にとって酸味が強すぎて舌になじまなかったのである。信治郎は，日本人の舌に合う少し甘めのブドウ酒を何としてもつくろうと思いを新たにした。

信治郎はスペイン産のブドウ酒をベースにした調合に着手した。さまざまな試行錯誤の末，信治郎は「向獅子印甘味葡萄酒」と名付けた甘味ブドウ酒を1906年9月に売り出した。その際に友人である西川定義の出資を得て，店名を寿屋洋酒店と改称した。西川はもともと米屋を営んでいて，資力のある人物だった。信治郎は彼を共同経営者として迎え入れた。

だが「向獅子印」は，まだ信治郎が完全に満足のいくものではなかった。日本人に親しんでもらうためには適度な味もさることながら，美しい色合いも必要だと感じていたのである。ましてこの頃のブドウ酒業界では，東京の

神谷伝兵衛商店の「蜂印香竄葡萄酒」（1881年発売）が売上げで他を圧倒していた。信治郎はこれに対抗していくためには独自の味を開発しなければならないと考えていた。

信治郎は，あらゆる種類の甘味料と香料を集めて試作に励んだ。その甲斐もあって，これだと思えるひとつの味にたどり着いた。「この酒は世界のどこにもない，日本のブドウ酒，日本のポートワインや」と，独特な味と品質の甘味ブドウ酒だった。

さらに信治郎には，商品はネーミングも重要であるとの持論があった。何にしようか迷っていたとき，スペインのある洋酒メーカーの商品ラベルに着目した。そのラベルの隅には太陽を表す小さな1つの赤い丸が描かれていた。信治郎のつくったブドウ酒の色も太陽の色である赤色だった。「太陽＝日の丸・日本の国旗の図柄であるので，日本人に親しみのある」と，信治郎はラベルに大きな赤い玉を採用することを決めた。そして新しくできたブドウ酒に「赤玉ポートワイン」と名付け，1907年4月1日に販売を開始した。

1-2-2. 画期的な販売戦略

「赤玉ポートワイン」は信治郎の自信作だった。しかしながら，ブドウ酒は，当時はまだ上流階級の嗜好品という位置づけだった。加えて，消費者の大半は，「輸入品＝高級なイメージ，国産品＝粗悪なイメージ」をもっていたため，同じ品目なら多少高くても輸入品を購入する傾向にあった。それゆえ信治郎は，ブドウ酒の需要を喚起させながら国産品に対する粗悪なイメージを払拭させ，かつ「赤玉ポートワイン」の知名度を上げる必要があった。そこで販売活動にもできる限り力を注いでいった。

信治郎は，1907年8月19日にはじめて新聞広告を出した。とはいえ「洋酒缶詰問屋　寿屋洋酒店」，「親切ハ弊店ノ特色ニシテ出荷迅速ナリ」などとあるだけで，商品名やこれといった宣伝文句もなかった。ただこれだけの広告でも酒類業界では珍しく，同業者から「たかがブドウ酒くらいで」と嘲笑された。しかし信治郎は新聞広告の果たす役割に着目していて，時間があれ

ばその利用法を研究した。他社の広告やそのデザインについては，常に細心の注意を払っていた。

　なお，この頃のブドウ酒は，現在と違って薬用酒という位置づけで売られていた。1909年7月2日に「赤玉ポートワイン」の商品名が初めて掲載された広告には「天然甘味ニシテ滋養分ニ富ム」，「薬用葡萄酒」などの文言が添えられている。そして信治郎は，広告に医学博士や薬学博士の有効証明を付すことによって，商品に対する信用を高めていった。

　新聞広告について，信治郎は，後年次のように語っている。

　「いくらよい品をつくっても，ただつくるばかりでは売れない。そこで新聞に広告することをはじめたが，これは大いに効果があった。消費が減退したからといっては広告し，製品ができたからといっては広告した。よくまああれだけ広告してきたものだと思う。洋酒がここまで飲まれるようになってきた裏には，広告というものの果たした役割の大きさをみのがすことができない。」（杉本［1966］，22ページ）

　さらに，新聞広告以外にも，宣伝のためにはさまざまなアイデアを駆使し，あらゆる手段を講じた。例えば，初夏のある夕方に，「赤玉ポートワイン」と書いた高さ1.5メートルほどの角行灯30個ほどを，寿屋と白く染め抜いたハッピを着た若者にかつがせて大阪市内の町を歩かせた。また，正月用の稲穂かんざし（白鳩をつけ，その鳩の目に赤玉にちなんで赤い玉を入れたもの）を大阪のすべての芸者に贈り，客にかんざしのことを聞かれたときは，「赤玉ポートワインどすえ」と答えるように頼んだ。火事が起こった際には，「赤玉ポートワイン」と染め抜いたハッピ着せた若い社員に，「赤玉」と書かれた提灯を持たせて一番に現場に駆けつけさせ，消火と救助に協力させた。「赤玉」を直接宣伝したわけではないが，社員たちの迅速かつ懸命さは被災者だけでなく見物人の胸を打ったという。

　信治郎は，販売網の拡大にも積極的に取り組んだ。まず1908年に祭原商店との取引に成功した。祭原商店は大阪の代表的な酒類・食料品問屋であり，当時，西日本全土や朝鮮，台湾に販路を有していた。同店主人祭原伊太

郎が，信治郎のつくる製品の良さと信治郎の人間性を高く評価したのだった。西日本方面の販路を確保すると，1912年に，東京への進出を企図し，國分商店や鈴木洋酒店などの大問屋と特約店契約を交わした。「赤玉ポートワイン」の販路は次第に広がっていったのである。

さらに，開函通知制度を創始して，販売網の充実にも意を注いだ。小売店を対象とした一種の報奨金制度で，具体的には，寿屋洋酒店から各小売店に送られる「赤玉ポートワイン」1函につき1枚のハガキが入っていて，小売店がそのハガキに必要な事項を書き込んで返送すると，割戻金が支払われる仕組みだった。この制度は一般的に小売店の店主を対象に行われるものだが，信治郎は小売店の店員に対しても景品を与えた。すなわち，函のなかに「店員様」と書いた袋も添えて，そのなかに万年筆，シャープ・ペンシル，ナイフ，手帳，キーホルダーなどの品物を入れたのである。これにより各小売店の店主や店員の「赤玉ポートワイン」への販売意欲がますます刺激されたのであった。

また信治郎は，1922（大正11）年にオペラ団「赤玉楽劇団」を結成した。当時関東では浅草オペラが，関西では宝塚少女歌劇が人気を博していた。これに乗じて，自らも劇団をつくって宣伝に利用しようとしたのだった。劇団は当時の人気スターを集めて結成され，全国各地を回って公演を行った。だが，劇団の運営は予想以上に費用がかかったために，結局1年後に解散した。

赤玉楽劇団の活動は短い間だったが，思わぬ「副産物」があった。劇団のプリマドンナの松島恵美子をモ

ヌードポスター
出所：サントリー［1999］104 ページ．

デルに「赤玉」の宣伝用として制作された，わが国初のヌード・ポスターである。ヌードといっても肩から胸の上の方があらわれる程度だったが，風俗の取締りが厳しく，裸を露出する習慣もない当時の日本では思い切った「冒険」だった。信治郎は，1923年5月に出来上がったポスターを全国の小売店に配布した。このポスターは，ドイツの世界ポスター品評会で1等に入選し，日本でも大きな話題を呼んだ[1]。

1-2-3. 経営基盤の確立

「赤玉ポートワイン」が順調に伸長していくなか，第一次大戦中のある梅雨時の蒸し暑さが続いた後に，「蜂印香竄葡萄酒」が小売店で次々と破裂する出来事があった。ブドウ酒の原料の輸入先を，戦火の激しいヨーロッパからアメリカに変えたために生じたものだった。アメリカ産原料の殺菌が不十分で，酵母が瓶の中で発酵してしまったのである。信治郎もアメリカ産を用いていたが，殺菌不十分を見抜いて事前に処理したため，この事態からまぬがれることができた。それゆえ取扱商品を「蜂印」から「赤玉」に切り換える店が相次ぎ，「赤玉」の売れ行きは上昇していった。1921年頃には「蜂印」と売上高で互角になり，その後完全に引き離してブドウ酒市場の60％以上のシェアを占めるまで伸張した。

この間信治郎は，事業の成長に合わせて企業形態も改めていった。まず1912（明治45）年に，信治郎は共同経営者の西川定義と別れ，店を大阪市東区住吉町に移転した。1913（大正2）年2月には組織を法人に改め，資本金9000円の合名会社寿屋洋酒店とした。さらに翌年2月に，資本金10万円の合資会社寿屋洋酒店に改組して，信治郎は代表無限責任社員に就いた。その後も第一次大戦ブームのなかで「赤玉ポートワイン」の売行きが拡大すると，1919年に大阪市の港湾埋立地に工場を建設して「赤玉」の量産体制を整えた。そして1921年12月に資本金100万円の株式会社寿屋を設立した。

このように寿屋は「赤玉ポートワイン」を中心に発展した。だが，信治郎は「赤玉」での発展に留まることなく，さらなる事業に進出することを考え

ていた。日本で初めての本格的ウイスキーの製造である。

1-3. 国産ウイスキーの事業化
1-3-1. 国産ウイスキー製造への決意

　寿屋は，前述のように，「赤玉ポートワイン」を中心に成長の一途をたどった。ただ信治郎は，「赤玉」以外にも混成酒「ヘルメス・ウイスキー」や発泡酒「ウイスタン」を発売するなど，各種洋酒を手掛けていた。

　ある時，信治郎は出来の悪いアルコールをブドウ酒の古樽につめて，倉庫の奥に放置していたことがあった。数年後ふと思い出して飲んでみると，良質なものに変化していた。信治郎はこれを1919（大正8）年9月に「トリスウイスキー」と名付けて発売した。売行きは好評だったが，この商品は偶然の産物であり，すぐ品切れになった。このとき信治郎は，ウイスキーがいつか大衆に広く飲まれるのではと感じた。また，永年の貯蔵による神秘的な変化が彼の心に焼きついた。信治郎はウイスキーの製造への思いをふくらませていったのである。

　しかしながら，ウイスキー製造を社内で打ち明けたとき，普段は信治郎の声が鶴の一声だった寿屋でも，この時ばかりは社員全てが反対した。ウイスキー事業は莫大な資金を要する上に，出来不出来は永年の貯蔵を経てみないとわからない。それゆえ製造方法の良し悪しも，短期間では判断できない。ましてウイスキーの醸造はスコットランド以外の地で成功したことがなかった。たとえ醸造に成功したとしても，消費者に受け入れられるか不明である。ウイスキー事業への進出は，「赤玉ポートワイン」で軌道に乗った寿屋の全資産を賭けるものだった。

　だが信治郎は周囲の反対を押し切り，ウイスキー事業への進出を決定した。先に述べたように，信治郎がウイスキーの将来性を感じたこともあったが，それ以上に信治郎は「洋酒報国（造酒報国）」の精神をもっていた。すなわち，舶来品よりも優れた洋酒をつくることで，貴重な外貨の海外流出を防ぎたいという思いを抱いていたのであった。また，洋酒製造が活発

になって原料の穀物や果実の需要が増えれば,その分日本の農業もさかんになるとも考えていた。つまり信治郎は,洋酒事業を通じて国家国益に貢献したいという,経営ナショナリズムの理念を有していたのである。

さらに,信治郎はいくら好調な「赤玉ポートワイン」もいつか人気にかげりがみえてくるかもしれないと感じていた。余力のあるときだからこそ,新しい事業のチャンスを積極的に生かすべきではないかと考えたのだった。

1-3-2. 山崎工場の建設

ウイスキー製造を決定した信治郎だったが,事業のノウハウはわからなかった。それゆえスコットランドから専門家を呼ぶことにし,ロンドンにいる知人に醸造技師の招聘を依頼した。そこで紹介されたのが,醸造学の権威であるムーア博士だった。ただ,すぐ訪日できないので,工場用地の選定だけでも先に進めてほしいと提案された。そこには自然環境や水質などについての細かな指示が添えられていた。信治郎はこの指示を頼りに全国各地で候補地を探した。

そして1923年の春,信治郎はウイスキー醸造の地として,京都・大阪府境の山崎を選んだ。山崎はスコッチウイスキーの産地であるスコットランドのローゼス峡付近の風土とよく似ていた。水温が異なる3つの川が合流していて,地形的にも大阪平野と京都盆地の接点にあたるために濃霧が発生しやすかった。さらに,良質の地下水が湧き出ていて,この水はムーア博士から,「ウイスキー醸造に最適」との太鼓判をもらった。また,大消費地である大阪に近いという利点もあった。

ところで,信治郎が蒸留所の候補地を探していたときに,ムーア博士から,「スコットランドでウイスキーを学んだ日本人がいる,自分の代わりに彼を雇ったらどうか」という手紙を受けた。その人物の名は竹鶴政孝と記してあった。

広島県竹原市の造り酒屋に生まれた竹鶴は,大阪高等工業学校(現・大阪大学)醸造科を卒業後,1916年に洋酒メーカーの摂津酒造に入社した。同

社では当時ウイスキーを造る計画があったため，竹鶴はスコットランドのグラスゴー大学に派遣され，そこで洋酒醸造を学んだ。だが竹鶴が帰国して間もなく，摂津酒造のウイスキー製造計画は，第一次大戦後の反動不況の影響もあって立ち消えになってしまった。それゆえ竹鶴は同社を退社し，中学校で化学の教鞭をとっていた。

スコットランドでは，ウイスキーの技師はディスティラー（醸造蒸留技師）とブレンダー（調合技師）に分かれ，それぞれの役割を担っていた。ディスティラーは基礎理論を理解して，それを応用する力があれば誰にでもマスターできた。ムーア博士は，「竹鶴は少なくともディスティレーション（醸造蒸留）に関しては一応のレベルに達しているはずだ。自分が日本で教えられるのはディスティレーションの技だけなので，竹鶴にまかせてみたらどうか」と，竹鶴を紹介した理由を説明した。信治郎は，竹鶴に山崎工場の建設一切を託すことにし，1923年6月に山崎工場の初代工場長として寿屋に入社させた。

新工場は1924年11月11日に完成した。そして翌日から，スコットランドのウイスキー製法がそのまま移入される形で，日本初の本格的なウイスキーの製造が開始された。寿屋の命運を賭けた国産ウイスキー事業の始まりだった。

1-3-3.「サントリーウイスキー白札」の発売

ウイスキーの製造には，麦芽製造から製品として売り出されるまで，かなりの期間を必要とした。寿屋では，1929（昭和4）年まで醸造と貯蔵をくり返していただけなので，深刻な資金不足に悩まされるようになった。相変わらず「赤玉ポートワイン」の売れ行きが順調であり，信治郎は，この収益をウイスキー製造につぎこんでいった。

だが，仕込んでから数年経って出来上がったウイスキー原酒は，信治郎の期待に応えるものではなかった。そこで信治郎は，工場長の竹鶴をスコットランドに派遣した[2]。同時に信治郎は，多くのサンプルをもってウイスキー

に詳しい人たちから教えを受けた。その結果，ウイスキーに合う酵母を使用していなかったなど，いくつか改善点がわかった。そして信治郎は，製造法の改善に取り組みつつ，昼夜を問わずブレンドを繰り返した。

その苦心の末にできた国産初の本格的ウイスキーである「サントリーウイスキー白札」は，1929年4月1日に発売された。「サントリー」の名称は，「赤玉ポートワイン」の商標「赤玉」を象徴する太陽（サン）と自分の名前（トリイ）を結びつけたものである。「赤玉ポートワイン」が順調に売れていたからこそウイスキー製造ができたということで，その感謝の意味をこめたネーミングだった。なお，新聞に出した発売広告のキャッチコピーには，「断じて舶来を要せず」という信治郎の「洋酒報国」の精神が載せられた。

だが「サントリーウイスキー白札」の評判は，「焦げ臭い」などと厳しいものだった。焦げ臭さそのものは，本格的ウイスキー独特の香りで必要なものだったが，ピートを焚きすぎてその度合いを強めてしまったのである。寿屋の経営はいっそう悪化し，1931年にはこれまで続けてきた原酒の仕込みさえ断念せざるを得ない状況に陥ってしまった。

1-3-4. 多角化戦略とその挫折

ところで，ウイスキー製造を開始してから，信治郎は経営の多角化に着手していた。

まず1924（大正13）年，今日のインスタント紅茶の原型である「レチラップ」を販売した。1926年7月には，喫煙家用の半練り歯磨「スモカ」を製造・販売した。これまでにはない湿り気を持たせた歯磨き粉で，歯についたタバコのヤニの汚れを落とすというのが特長だった。1928（昭和3）年には，調味料「トリス・ソース」と「山崎醤油」を発売した。

次いで，横浜のビール工場を買収してビール事業に着手，1929年4月に「新カスケードビール」を発売した。翌年5月にはこのビールを「オラガビール」に改名し，価格の安さを前面に打ち出して既存勢力に挑んだ。同じく1930年には「トリス・カレー」を発売した。そして1932年6月に「凍

る」と「リンゴ」を合わせたネーミングの濃縮リンゴジュース「コーリン」を発売した。

　これらの多角化戦略は，新たな事業へ挑戦しようとする信治郎の旺盛な事業欲もあったが，それ以上に，ウイスキー製造で莫大な費用がかかるため，経営を少しでも安定させたいという思いに起因するものだったといえる。

　しかし，これらは軒並みうまくいかず，信治郎は，事業を次々に整理・縮小した。例えば，新製品のなかでも唯一採算ベースに乗っていた「スモカ」の製造販売権を1932年に売却した。ビール事業も1934年1月に工場を売却した。そして，ブドウ酒とウイスキーの製造にあらためて重点を置く決意をしたのであった。

1-3-5.「サントリーウイスキー角瓶」の成功

　1929年に発売した「サントリーウイスキー白札」の評価が厳しかったことを受けて，信治郎は再び技術者をスコットランドに派遣して，ウイスキー醸造について研究させた。国内でも，大学の研究者や醸造の専門家など多くの知識人からの意見を取り入れて，醸造技術について学んだ。考え方によっては，この段階でウイスキー事業を手放した方が，寿屋の経営はうまくいったのかもしれない。だが信治郎は，ウイスキー事業の成功を信じて，原酒の改良に努めるとともに，粘り強くブレンドを繰り返していった。

　こうした信治郎らの努力が実り，山崎工場の原酒は，質のよいものが次々と熟成され始めた。原酒が良くなるにつれ，信治郎のブレンドもますます冴えをみせていった。そして1937年10月に，信治郎は12年もの「サントリーウイスキー角瓶」を発売した。じっくり熟成された原酒のうまみと，信治郎のブレンドの才能と努力とが結集したものだった。すっきりとした亀甲切子の角瓶も大きな特長だった。

　この頃から「『サントリーウイスキー』はおいしい」という評判を得るようになった。顧客のウイスキーに対する理解も加わったこともあり，売れ行きは飛躍的に伸びていった。山崎工場でウイスキーの製造を開始してから

13年を経て，ようやく信治郎の努力は結実したのである。

信治郎は「赤玉」と同じように巧みな広告宣伝活動を展開した。とくに問屋や小売店に対して，1938年6月にダイレクト・メール『繁昌』（翌年『発展』に改題）の発刊・配布を始めた。一般消費者向けには，洋酒知識の普及のため，1939年に『カクテル・ブック』を作成・配布するとともに，カクテル相談所を設けた。そして，梅田の地下街に寿屋直営の「サントリー・バー」を開店した。

「サントリーウイスキー角瓶」の発売3年後には，売れて困るという事態を招来した。山崎工場の庫出量は，1930年の17キロリットルから1940年には291キロリットルまで増加した。寿屋の社員は年間ボーナスが40ヵ月も50ヵ月も支給されたので，ひと桁間違っているのではないかと経理課へ戻しに行った者がい

サントリーウイスキー 12 年もの角瓶
出所：サントリー [1999] 96 ページ。

るほどであったという。

こうして信治郎は，日本の洋酒国産化への道を切り開くことに成功したのであった。

1-4. 国産洋酒のパイオニア

戦後も信治郎はウイスキー事業に情熱を傾け，1946年に「トリスウイスキー」を，1950年に「サントリーオールド」（黒丸）を発売した。加えてトリス・バーを開店・全国チェーン展開した。信治郎の不断のブレンドへの努力によって築き上げた製品の質の良さと寿屋の独創的な広告宣伝とが相まって，洋酒そのものの大衆化が急速に進展していった。いわゆる「第1次洋酒

ブーム」の始まりで，信治郎はその火付け役だった。

1961年5月，信治郎は次男の佐治敬三に社長の職を委ねた[3]。敬三は，ビール事業への進出を決意し，信治郎にそのことを打ち明けた。戦前にビールでの失敗経験がある信治郎は，しばらく考え込んだあと「やってみなはれ」とつぶやいたという。そして敬三は，1963年3月に社名をサントリー株式会社に変更，4月に「サントリービール」を発売して，ビール市場に挑戦していった。

しかし信治郎は，サントリーとしての新たな船出を見届けることはなかった。敬三に社長を譲った翌年の1962年2月20日，83年の生涯を閉じたのだった。

信治郎の口ぐせに「やってみなはれ」という言葉がある。会社のため，顧客のため，さらに社会のために何か役立てるものはないかと常に考え，よかれと思ったらこれを即実践したのだった。ウイスキー事業に挑戦する際も，信治郎は，自分自身にこの言葉を投げかけていたと思われる。寿屋の歴史は，常に新しいものに果敢に挑戦していった軌跡でもある。

2. 三島海雲

2-1. 多感な少年・青年時代

2-1-1. 貧しい寺に生まれる

三島海雲は，1878（明治11）年7月2日，大阪府豊能郡萱野村（現在の大阪府箕面市）の浄土真宗・教学寺住職三島法城と雪枝の長男として生まれた。教学寺は檀家の少ない「貧乏寺」だったが，法城は，息子には自分の跡取りとしてふさわしい名前を考え，天地を表すスケールの大きな「海雲」と名付けたのであった。

幼い頃の海雲は，病弱のうえに，どもりという言語障害があった。それゆえ，母の雪枝は，いい医者がいると聞きつけては，海雲をそこに連れていった。夜にも近くの河原で大声で話す練習をさせたという。そのような母の努

力が実り，海雲は5歳ごろになると人並みに話すことができるまでになった。

また雪枝は，家計を支えるために，近くの川辺郡伊丹町（現在の伊丹市）で銭湯を開業した。当時，銭湯は賤しい商売と考えられていたが，母は敢然としてこれを行った。母が辛いことに耐え一生懸命働いたのも，生活を支える以上に，海雲を立派な人間に育てたいと思ったからであろう。海雲は後年，「私は母を思い出すたびに感謝の涙を禁じえない」と口ぐせのように語っている。決意と情熱，そしてどんな苦労にも耐えて物事を成し遂げていった海雲の企業家像は，まさに幼少期に見た母の姿だったといえよう。

三島海雲
出所：カルピス食品工業［1989］。

2-1-2. 文学寮に学ぶ

海雲はとても勉強熱心だった。伊丹の小学校では，通常の授業だけでなく，毎晩のように校長先生の家に通って英語を習っていた。同じく伊丹にある弘深館（「白雪」ブランドで著名な造り酒屋の主人小西新右衛門が漢学者太田北山を招いて開いた私塾）に移った際，海雲は太田から多くのことを学び，精神的にも感化を受けたという。そして1893年，海雲は16歳のときに，京都にある西本願寺文学寮に入学した。父が寺の跡を継ぐことを希望していたからである。

海雲は文学寮で，生涯にわたって深い親交を持つようになる杉村楚人冠（本名杉村広太郎）と出会った。海雲の6歳年上である杉村は，文学寮で英

文学の教師と舎監を兼務していた。後に朝日新聞の記者になり，名文家として斯界に名を馳せた人物である。2人の親交が始まるきっかけは，海雲が朝の勤行に遅れたときの素直に罰を受け入れた態度に，杉村が好感を持ったからであった。以来，杉村は海雲に何かと目をかけるようになった。なお，後に海雲が乳酸菌事業を始める際に出資協力したのも彼だった。

文学寮で勉学に励むうちに，海雲は，杉村の影響もあってか，英語の教師を志すようになった。そして1899年，22歳のときに文学寮を卒業した海雲は，山口県にある西本願寺系の開導中学に英語の教師として赴任した。これを機に，郷里に戻って教学寺を継ごうとは全く思わなくなったようである。

ところで，海雲が山口にいる間，文学寮は1901年に東京へ移転し，高輪仏教大学（1904年に龍谷大学の前身・仏教大学に統合）になった。文学寮の卒業生なら同大学に無試験で入学できることを知った海雲は，再び勉学に励もうと教師を辞めて，3年に編入学した。

しかし，大学に編入して間もなく，海雲に転機が訪れた。中国・北京に東文学舎という塾を開いていた中島裁之から，同地に新しくできた中学校へ教師を派遣してほしいと仏教大学に依頼があり，それに海雲が推薦されたのである。当時の中国大陸は，青雲の志を抱く若者の多くが，自らの可能性と夢を求めて渡っていくあこがれの地でもあった。海雲は，北京に行く決心をして準備を進めた。ところがその矢先に，他の人に決まった旨の電報が届き，海雲の派遣はなくなってしまった。けれども，海雲は，ともかく行ってみようと，大学を中退して北京へと発った。1902年2月，海雲24歳のときである。

2-2. 中国大陸での経験と新たな食品工業への挑戦

2-2-1. 中国大陸での事業活動

海雲は，北京に着くと中島裁之を訪ねた。中島は便宜を図り，海雲を東文学舎の教師職を斡旋した。東文学舎は，中国に渡った日本人に中国語や中国の現状について教えることを目的とした学校だった。また中国人にも日本語

などを教えていて，海雲はその教師になった。

　ただここでも海雲に転機が訪れた。東文学舎の宿舎で同室となった土倉五郎から事業を始めようと誘われたのだった。五郎の父は，当時，日本の林業の発展に大きな功績を残し「日本の造林王」と称えられた実業家・土倉庄三郎で，五郎自身も中国で実業家になることを夢見ていた。五郎と寝食をともするなかで，海雲は，彼の誘いに乗って，教職を辞職したのである。海雲自身も，中国の広大な大陸のなかで何らかのやりがいを求めるようになったのかもしれない。そして海雲と五郎は，1903年10月，北京で雑貨貿易商「日華洋行」を設立し，日本の商品（雑貨など）を中国に売り込もうとした。事業の資金は五郎が実家から融通した。ただ，2人にとってはじめての商売だけに，最初は失敗の連続だった。

　海雲らの事業が好転するきっかけのひとつに日露戦争がある。戦線の拡大で軍馬が足りなくなったため，日本軍は内モンゴル（中国内蒙古自治区）から追加調達することを企図した。これを日華洋行が引き受け，海雲は，陸軍から派遣された軍馬購買委員4名とともに内モンゴルの奥地まで入り，百数十頭の馬を調達することに成功した。そして海雲は，戦争が終わっても，内モンゴルの牛を日本に輸送したりなど，同地での事業活動を展開していった。

　1909年，日本に一時帰国した海雲は，大隈重信伯（当時）と話をする機会を得た。海雲からモンゴルの事業のことを聞いた大隈は，海雲に緬羊の飼育・改良を勧めた。それを受けて海雲は，五郎と協議のうえ，日華洋行を部下に譲って緬羊事業に着手した。海雲は，モンゴル赤峰の東北に，現地の首長から広大な土地を借り受け，放牧を開始した。1年後には改良種が数頭生まれ，緬羊の大量飼育・改良の見通しが立つなど，事業は順調だった。

　しかし，海雲の事業は，道半ばにして挫折せざるを得ない状況に追い込まれた。清国政府が，国内における外国人の殖産興業活動を禁止したからである。海雲は清国政府と交渉したが，それを覆すことはできなかった。さらに清国は1912年に辛亥革命で滅亡した。事業の存続をかけて，海雲は「賠

償」を盾に清国政府と闘う姿勢を見せていたが，交渉相手がいないどころか，政情不安定で自分の身が危ぶまれる状況になってしまった。海雲は，やむなく事業を整理し，1915（大正4）年春，38歳のときに日本に帰国した。

2-2-2.「醍醐味」の製造

海雲は，大阪の萱野村に戻ったが，内モンゴルでの事業を失って一文なしの状態になっていた。なお海雲は1905（明治38）年に結婚し，日本帰国時には3人の子供を抱えていた。生計を立てるためにも，何か事業を始めなければと考えていた。そのような折，ミルクホールのヨーグルトが巷の話題になっていることを知った海雲は，ヨーグルトとは別の，乳酸菌を使った食品の製造を思いついた。乳酸菌に着目したのは，彼がモンゴルにいたときに，その効用を体感していたからだった。

1908年，海雲が内モンゴルのケシックテンに商用で滞在していたときである。海雲は，蒙古民族のたくましさの理由は何だろうかという疑問にとらわれていた。そしてある日，彼らの住居である包（パオ）というテントの入口に置かれていた大瓶の中に，その秘密があることに気が付いたのだった。

大瓶は羊の皮で覆われて，中には乳が蓄えられていた。それは乳酸菌の発酵でできたすっぱい牛乳で，内モンゴルの遊牧民は棒でかき混ぜながら毎日飲用していた。大瓶に乳を蓄えておくのは，乳に生息する乳酸菌が自然に繁殖するのを待つためで，乳酸菌は人間の内臓に寄生する有害な細菌を駆逐する。海雲は，大瓶の牛乳やそれからつくったクリームを毎日飲用した。すると体全体の調子が良いことを実感したのであった。

海雲は大阪でヨーグルトを試食した。しかし，内モンゴルで口にした酸乳ほどの美味しさがあるとは感じられなかった。それゆえ海雲には，内モンゴルで味わった栄養豊かな酸乳を日本で紹介することが天命のように思えてきたのだった。海雲は新しい乳製品の開発に取り組むことを決意し，杉村楚人冠など，恩師や友人から合計2500円の出資を受けて，1916（大正5）年の春に上京した。

海雲が手掛けようとしたのは、内モンゴルで「ジョウヒ」といわれる、酸味のあるクリームからつくったものだった。瓶の中に2, 3日貯蔵して乳酸発酵させたもので、通常は酸味を和らげるために砂糖を加えて食べていた。当時の日本では、乳酸菌発酵食品が医学・栄養学関係者の注目を集めていたこともあり、ヨーグルトよりも美味しく滋養に富む「ジョウヒ」の事業化には、友人たちも大いに賛成した。

　海雲は、1916年4月に東京本郷区駒込林町（現在の文京区千駄木）にあった牛乳店・牧田楽牛園の一室を借りて醍醐味合資会社を設立し、同店のなかに工場も設置して「ジョウヒ」の製造を開始した。「醍醐味」（サンスクリット語でサルピルマンダ）という言葉の「醍醐」とは、本来は「牛乳を精製して得られる最上のもの」という意味だが、それが転じて、「仏性にも比すべき絶妙な美味、あるいは仏恩にもたとうべき万病に効く食品」を表す。原料の牛乳は牧田楽牛園から仕入れ、販売は杉村楚人冠に紹介してもらった実業之日本社の代理部をはじめ、東京銀座の函館屋酒店、新宿中村屋および薬種問屋などと特約店契約を結んだ。

　また、海雲は広告宣伝にも力を注ぎ、新聞記事やチラシに工夫をこらして読者の関心を惹くようにした。「世界第一の滋養料・醍醐味、今、副食物として提供さる」などを見出しに、海雲自身の内モンゴルでの体験談を載せたり、医学博士たちの推薦文を掲載したりした。

　「醍醐味」の売れ行きは順調だった。食した人のほとんどがこの味を気に入り、再び買い求めた。「醍醐味」は決して安いものではなかったが[4]、当時のヨーグルトよりも脂肪分が7〜10倍もあり、大変滋養に富んだ食品だったのである。

　しかし、「醍醐味」は"成功の失敗"に終わった。あまりの大量の注文に、集乳、生産とも完全に間に合わなくなってしまったのである。「醍醐味」はもともと大量生産が難しかった。原料のクリームが牛乳1斗（約18リットル）から1升（約1.8リットル）弱しか取れなかった。まして当時は酪農が未発達で、大量の牛乳を集めるのにも困難を伴った。実業之日本社で

は注文を断ることに追われる状況が続いていた。海雲は同社の体面に関わると考え，発売後わずか数ヵ月で販売中止の決断を下した。

　なお，クリームを取った後に残される脱脂乳の処理も問題だった。海雲は脱脂乳の一部を飼料として近隣の農家に引き取ってもらったが，残りは田んぼに捨てていた。しかし，農家から苦情が相次ぎ，その処理法が緊急の課題になった。そこで海雲は脱脂乳を乳酸菌で発酵させた食品を開発して，これを「醍醐素」と名付け，1917年6月に発売した。しかし，「醍醐素」の売れ行きは芳しくなかった。

2-2-3.「ラクトーキャラメル」の失敗

　「醍醐味」と「醍醐素」は失敗に終わったが，海雲は新たな製品開発のため，東京帝国大学（現在の東京大学）隈川宗雄教授の衛生学研究室で乳酸菌の研究に着手した。その過程で，海雲は，森永製菓の「ミルクキャラメル」（1914年発売）が人気を博していることに着目し，乳酸菌入りのキャラメルをつくることを思いついた。

　海雲は，新会社設立の資金繰りのため，土倉五郎の兄・竜二郎を訪れた。だが当時の土倉家は，事業に失敗していたため資金が融通できなかった。そこで竜二郎は，大学時代の学友で，宝田石油（のちに日本石油と合併）の専務取締役・津下紋太郎を紹介した。津下は海雲の話を聞き，新会社設立に援助することを快く了承した。

　津下の出資金をもとに，海雲は1917年10月13日にラクトー株式会社（ラテン語の乳を意味する〈Lacto〉から命名）を設立した。資本金は25万円で，取締役会長に津下が就任し，海雲は技師長格で取締役になった。そして，翌年3月，現在の渋谷区恵比寿の地に工場を完成させた。

　乳酸菌入りキャラメルは「ラクトーキャラメル」と名付けられ，1918年4月17日に発売された。中にピーナッツなどが入り，キャラメルの甘味と乳酸菌の酸味が溶け合った面白い味でたちまち評判になった。海雲は，「菓子界の革命！専売特許ラクトーキャラメル」などと新聞広告を次々に打った。

東京, 横浜, 大阪をはじめ, 各地から商談がくるなど, 発売当初から順調なすべり出しだった。

しかし,「ラクトーキャラメル」も, 結局失敗に終わった。夏場を迎え, 気温が上昇するとともに, キャラメルが溶けてしまう事故が相次いだのだった。海雲は, 製品の改良に取り組んだが, 気温の上昇に弱いという欠陥を根本的に解決することができなかった。それゆえ1919年5月, 販売を開始して1年ほどで「ラクトーキャラメル」の生産を停止した。資本金は底をつき, さらには3万円もの巨額な負債を抱え込んでしまった。

2-3. カルピスの事業化に成功

2-3-1.「カルピス」の誕生

「ラクトーキャラメル」で失敗しても, 海雲は決して諦めることはなかった。むしろこれまで以上に粘り強く, 乳酸菌および脱脂乳利用法の研究に没頭した。しかし, 主力製品を失ったラクトー株式会社にとって, それに代わる商品の開発が急務だった。とくに海雲は, 処分に困る脱脂乳の使い道を模索していた。

そのような折, 工場の責任者が, ふとした思いつきから「醍醐素」に砂糖を加えて, 試しに一昼夜放置してみた。数日経つとうまみが増して非常に美味しいものになっていた。酵母が自然に混入し, 自然発酵したためだった。

海雲はこの飲料の商品化に着手した。ただし, 偶然できたものであり, そのときの状態や成分などに近

発売当初のカルピス
出所:カルピス食品工業 [1989]。

づけるために実験を繰り返さなければならなかった。さらに海雲は，美味しいだけでは商品価値が乏しいと考え，これにカルシウムを加えることにした。この頃の日本では東京帝国大学の鈴木梅太郎博士らが，日本人の食事にはカルシウムが不足していると指摘していた。こうして海雲は，脱脂乳を乳酸発酵させて，砂糖とカルシウムを加えた新しい飲み物を完成させたのであった。

　海雲はこの新しい飲料に「カルピス」と名づけた。「カルピス」は，カルシウムの「カル」とサンスクリット語の醍醐味を意味するサルピルマンダの「ピル」を取って組み合わせたものだった。本来なら「カルピル」だが，それでは語呂が悪いと思い，「カルピス」としたのである。海雲は念のために音楽家として著名な山田耕筰に相談した。海雲から話を聞いた山田は，「カルピスなる音は，音声学的にみて非常に発展性のある名前である。大いに繁盛する」と答えたのだった[5]。

　「カルピス」と名付けられた新しい飲料は，1919年7月7日の七夕の日に発売された。包装紙は，この日にちなんで天の川「銀色の群星」をイメージした，地色の空色に，白の水玉模様（戦後は白地に空色の水玉を飛ばしたものに変更）を採用した。

2-3-2. 積極的な販売政策

　海雲は「カルピス」の製品自体に大きな自信を持っていた。それゆえ海雲にとって，「カルピス」発売時の課題は，強力な販売ルートをいかに確保するかだった。

　そこで海雲は，津下紋太郎会長夫人の知人に，國分商店を紹介してもらった。同商店は，当時，日本の酒類食品問屋の中で最大の販路を有していた。海雲は，店主の國分平次郎と交渉し，関東の総販売元を引き受けてもらうことに成功した。平次郎は「カルピス」の製品自体の良さと海雲の事業にかける熱意を認めたのであった。

　また西日本では，大阪の酒類食品問屋である祭原商店に総販売元を引き受

けてもらった。同店店主の祭原伊太郎が，國分商店と同じく「カルピス」の将来性と海雲の人間性を高く評価したからだった。さらに，上海市の松下洋行などと特約店契約を結ぶことで，中国大陸にも販売ルートを伸ばしていった。

海雲は，発売翌年の1920年から広告宣伝活動を本格的に開始した。広告宣伝の主な目的は，商品知名度の向上とブランドイメージの確立にあった。広告の打ち方については，ドイツの心理学者で，当時，東京帝国大学で保健学の講師をしていたアンナ・ベルリーナ女史に相談していた。海雲は，大きな広告を間隔をおいて出すこと，それと同時に，小型の広告も頻繁に行うことが消費者の心理に大きな影響を与えられると指摘された。そこで「美味」，「心と体の健康」，「経済性」を訴求のポイントとし，連日のように新聞や雑誌に斬新な広告を掲載していった。

また，海雲は「カルピス」を作っている会社自体を消費者にアピールする，今日でいう企業PRも活発に取り組んだ。会社に好印象を持たせることで，ひいては商品に対する信頼をかちとることができると考えたのである。

例えば，1922年9月には動物愛護会とタイアップした伝書鳩のレースを実施した。このレースは新聞や雑誌に写真入りで大きく取り上げられ，社名や「カルピス」の名を全国に知らしめた。1923年には，小学生から募集した童謡のコンクールを行った。約2万3700編の応募があり，「カルピス」の名を全国に広めることにひと役買った。ついで日比谷公園に五間四方の大きな碁盤をつくり，有段者の模範手合わせを一手一手解説をまじえて再現した囲碁大会を開催した。同じく日比谷公園では，宮城道雄の琴の独演会も行われた。

このほかにも，売店の商品陳列拡大の強化と看板や宣伝物の配布，主要都市のデパートを中心とする「カルピス」試飲宣伝会の実施，主要博覧会等のイベントでの特設売店の設置など，きめ細かい販売活動を展開していった。

ところで海雲は，「カルピス」が成功した理由について，後年，品質の他に，歯切れが良く良い幼児にも覚えやすい名前，水玉模様の包装紙，キャッ

チフレーズ「初恋の味」，黒ん坊マーク，の4つの強みがあると説明している。

1922年から使用された「初恋の味」というキャッチフレーズは，海雲の文学寮の後輩である驪城卓爾の発案から生まれたものだった。この経緯について，海雲は次のように語っている。

「発売後1年くらいたったある日，驪城がやってきて，『三島さん，甘くて酸っぱいカルピスは初恋の味だ。これで売り出しなさい』と言った。大正9年当時といえば，初恋という言葉を口にすることさえ，はばかられるような時代だったから，私は『とんでもない』と断った。ところが，驪城は翌年の夏休みになると，また上京してきて，『カルピスはやはり，初恋の味だ。この微妙，優雅で，純粋な味は，初恋にぴったりだ』といって，またすすめた。私は，『それはわかった。だが，カルピスは子供も飲む。もし，子供に初恋の味ってなんだと聞かれたらどうする』と言った。すると驪城は，『カルピスの味だ，と答えればいい。初恋とは，清純で美しいものだ。それに，初恋という言葉には，人々の夢と希望と憧れがある』と言った。私は，なるほど，と膝を打った。」（カルピス［1989］67-8ページ）

このキャッチフレーズを使用した当初，警察から「色恋は社会の公序良俗を乱すことなので，白日のもとで口にすべき言葉ではない。ポスターや看板は自粛してほしい」との要請があったという。だが大正デモクラシーの風潮のなかで，大衆は自由な思想を持つようになっていた。こうした世情をとらえて，「初恋の味」のフレーズはたちまち全国に広まった。

一方，黒ん坊マークは，もともとは第一次大戦後のインフレに悩まされているドイツの商業美術家を救うために海雲の発案で行われた，ポスターデザイン募集の入選作品だった。この企画はドイツ国内の関心を呼び，応募作品は1430余枚という膨大な数に達した。

黒人がストローで「カルピス」を飲んでいるデザインは，3等の入選作品だった。しかし，黒一色で単純明快であり，屋外または新聞広告用として最適であると評価されたため，「カルピス」の広告として採用されるように

表 1-1 製品別売上高推移

(単位：円, %)

年	期	カルピス 売上高	%	カルピス以外	総売上高
1919	上	-	-	56,265	56,265
	下	21,636	-	-	21,636
1920	上	91,764	-	-	91,764
	下	74,602	-	-	74,602
1921	上	160,949	-	-	160,949
	下	182,043	-	-	182,043
1922	上	183,048	87.7	25,602	208,650
	下	355,696	98.9	3,962	359,658
1923	上	397,170	99.0	3,878	401,048
	下	362,130	99.6	1,525	363,655
1924	上	539,026	99.7	1,616	540,642
	下	728,444	99.8	1,059	729,503
1925	上	767,732	98.7	10,038	777,770
	下	583,482	99.2	4,409	587,891
1926	上	726,487	99.6	2,252	729,039
	下	656,343	99.2	5,491	661,834

注：1919 年下期から 21 年下期までのカルピス売上高にはカルピス以外の製品の売上高を含む。
出所：カルピス食品工業 [1989] 60 ページより作成。

なった。1924 年 2 月 18 日付『東京日日新聞』などにはじめて登場し，その後も広く使用された。そして，いつしか親しみをこめて"黒ん坊マーク"と呼ばれるようになり，広告史上有数のキャラクターマークになった[6]。

2-3-3. 乳酸飲料の代名詞に

1920 年の「カルピス」の年間売上高は 16 万 6366 円だった。夏場に需要が多い「カルピス」は，冷夏の影響で年間の売上高がやや横ばいになっている年もあるが，全般的に順調に推移した（表 1-1）。1926 年の売上高は，猛暑も重なって 138 万 2830 円に伸長し，1920 年に比べて 8 倍以上もの数字を記録した。「カルピス」は，日本の飲料市場で確固たる地位を築いたのであった。

なお，1922 年時点で，「カルピス」の売上高はラクトー株式会社の総売上高の約 99％を占め，「カルピス」単品メーカーに近い状態になっていた。そ

こで海雲は，1923年6月に，社名をラクトー株式会社からカルピス製造株式会社に変更し，商品名と社名を一致させたのであった。

　そうしたなか，他の業者による「乳酸菌飲料」への新規参入，類似品の発売が相次いだ。大正末期から昭和初期にかけて発売されたおもな製品に，「ラクミン」（東京製乳研究所），「森永コーラス」（森永乳業株式会社），「ミルプ」（松田工業），「パーピス」（守山商会），「レッキス」（昭和製乳株式会社），「ブルゲン」（北海道酪農公社・雪印株式会社の前身）などがあげられる。

　しかしながら，これらは「カルピス」の強力な牙城を切り崩すまでには至らず，「森永コーラス」を除いては，いずれも長続きしなかった。この後も「カルピス」の競合相手は数多く現れたが，それらを退けて，乳酸飲料部門でのトップの地位を保持していった。

　「カルピス」が売れる理由について，後年，海雲は次の4つを挙げている。第1は「おいしいこと」，第2は「滋養になること」，第3は「安心感のあること」，そして第4は「経済的であること」[7] だった。さらに，「売れるという証拠は類似品が多いこと」とし，「類似品はあくまで類似品で，カルピスをしのぐことはできない。そこにはカルピス独自の方法と，半世紀にわたって培われてきたのれん，強力な販売網があるからである」と説明している。

2-4. カルピスの発展と三島海雲

　海雲は「カルピス」を発明し，これを主力製品として成功を収めた。しかしその過程では，杉村楚人冠をはじめ，多くの人たちの尽力によって支えられていたことが特筆される。海雲はこのことについて，後に，「私が，事に当たって心がけてきたことに日本一主義がある。これは何か問題が起きたときには日本一流の学者なり専門家の意見を聞き教えを乞う主義であって，こうすれば，安心して事が運べる」（三島 [1980]）と語っている。

　海雲は新しい事業に対する熱意やチャレンジ精神を有しながらも，他者の

意見を素直に受け入れる謙虚さや柔軟性を有していた。またそのような海雲の人間的な魅力に，多くの人たちが引き付けられたともいえる。

　1970年2月28日，海雲は取締役社長を辞して，経営の第一線から退いた。ラクトー株式会社を設立してから，50年以上もの長きにわたってトップ・マネジメントを努めたのであった。その後は取締役になり，1971年2月から取締役相談役の職を務め，73年2月に勇退した。そして，海雲は心筋梗塞のため，1974年12月28日に帰らぬ人となった。享年97歳だった。この歳まで生きたことは，「カルピス」がいかにすぐれている商品であるかを自ら証明したようだった。

おわりに

　鳥井信治郎と三島海雲は，飲料ビジネスにおいて，当時の日本国民に「新しい味（飲料）」を広く知らしめ，根付かせるという功績を果たした。信治郎は日本では不可能といわれていた本場スコッチ・タイプのウイスキーに挑戦し，社運をかけてついにその国産化を達成した。彼のそのたくましい商魂と経営力で，洋酒のトップ・メーカーを築き上げたのだった。海雲はモンゴルを訪れたときの体験をもとに，試行錯誤しながら，前例のない乳酸飲料「カルピス」を発明し，これを企業化して成功した。「カルピス」は国民飲料として広く愛飲され，乳酸飲料の代名詞ともなった。

　2人の企業家には，いくつか共通してみられる特長がある。

　まず第1に，「先見性」である。生活様式の洋風化という時代の行く末を読み解き，先にみたように洋酒と乳酸飲料における特定の商品を見出したのであった。

　第2に，「発想力」である。その商品を生み出した発想もさることながら，商品をいかに広く深く知らしめるかに心を砕き，それを実現した。すなわち，流通経路政策や広告宣伝等の販売促進活動を内容とする，マーケティング活動を巧みに展開したのであった。「マーケティング」は日本では戦後

になってから導入・体系化されたが，彼らによって，戦前にもその先駆的な試みがみられた。

そして第3に，何よりも新たな事業分野に挑戦する，企業家精神がきわめて旺盛だったことである。2人は独立心が強く，不撓不屈の精神力を有して，自らの事業に打ち込んでいった。挫折の経験や長い「懐妊期間」など，どんなに苦しい状況になっても，成功するときがくると信じて，失敗を恐れずに行動したのであった。

注
1）　ヌード・ポスターは，寿屋の宣伝部長である片岡敏郎と井上木它のアイデアだった。もともと画家である井上は，グラフィック・デザイナーとして寿屋に入社した。片岡は日本電報通信社（現在の電通株式会社）から森永製菓に移って宣伝部長を務めていたが，信治郎にスカウトされて寿屋に入社した。片岡らは自分たちの才能をいかんなく発揮し，信治郎も彼らには対し全幅の信頼を置いて，あれこれとうるさく言わなかった。片岡らの才能もさることながら，それをフルに発揮せしめた信治郎の人間の大きさもあるかもしれない。
2）　竹鶴はスコットランドに行ったが，帰国後は横浜のビール工場の拡張計画に携わった。その後1934年7月に独立し，北海道の余市で大日本果汁株式会社（ニッカウヰスキー株式会社の前身）を設立した。
3）　1919年11月1日に生まれた敬三は，12歳のときに母方の親戚筋にあたる佐治家の養子になった。そして，第二次大戦後に寿屋に入社し，以来，信治郎の片腕として働いた。
4）　「醍醐味」の価格は，100グラム壜入りが22銭だった。当時の米の価格が10キログラムで約1円20銭だったから，10キロ22円換算の「醍醐味」は決して安いものではなかった。
5）　山田の説明によれば，「カルピスは，Ca・lu・pi・suの4シラブルではない，Cal・pis，すなわちアの母音とイの母音の2つのシラブルである。アの母音は明るく，開放的，積極的で人が口を開いた形になる。イの母音は消極的で口を閉じた形であるが，堅実である。これを形で表すと漏斗の形になる。積極的と消極的，そして最後のスは，これを何べんも繰り返す意味がある。カルピスはア，イであるから漏斗の形でしかもピスのスには力がある。」とのことであった。
6）　なお，この作品の作者はオットー・デュンケルスビューラーという，当時ドイツで有名だった商業デザイナーだった。彼は3等が不満だったようで，海雲のもとに不平の手紙が届いたというエピソードもある。ただ，この黒ん坊マークは，黒人差別問題を引き起こす恐れがあるとして，1989年に使用が中止された。
7）　例えば，発売時の「カルピス」の価格は，大壜（400ミリリットル）1本1円60銭だった。この頃，ラムネ（170ミリリットル）1本8銭，サイダー（360ミリリットル）1本22銭，牛乳（180ミリリットル）1本10銭だった。価格だけ見ると「カルピス」は高いように思われるが，「カルピス」は濃厚商品のため，7〜8倍の希釈量で換算すると，むしろ安価だった。

参考文献
○鳥井信治郎について
石川健次郎「鳥井信治郎―国産ウイスキーの開拓者」森川英正・中村青志・前田和利・杉山和雄・石川健次郎『日本の企業家（3）昭和編』有斐閣，1978年。

株式会社サン・アド編『やってみなはれ　サントリーの70年・Ⅰ』『みとくんなはれ　サントリーの70年・Ⅱ』サントリー株式会社，1969年。
サントリー株式会社編『日々に新たに　サントリー百年誌』サントリー株式会社，1999年。
四宮正親「鳥井信治郎と石橋正二郎―伝統的商業経験から純国産品の創製へ」佐々木聡編『日本の企業家群像Ⅱ　革新と社会貢献』丸善，2003年。
生島淳「鳥井信治郎―「やってみなはれ」の商人魂を貫いた実業家」『飲料業界のパイオニア・スピリット』（シリーズ情熱の日本経営史⑥）芙蓉書房出版，2009年。
杉森久英『美酒一代―鳥井信治郎伝』毎日新聞社，1966年。
〇三島海雲について
カルピス食品工業株式会社編『70年のあゆみ』カルピス食品工業株式会社，1989年。
後藤文顕『カルピス創業者　三島海雲の企業コミュニケーション戦略―「国利民福」の精神』学術出版会，2011年。
生島淳「三島海雲―「カルピス」で実践した「国利民福」の経営哲学」『飲料業界のパイオニア・スピリット』（シリーズ情熱の日本経営史⑥）芙蓉書房出版，2009年。
三島海雲『日本の水』至誠社，1934年。
三島海雲『初恋五十年』ダイヤモンド社，1965年。
三島海雲「私の履歴書」『経済人10』日本経済新聞社，1980年。
鳥羽欽一郎編集・解説『財界人の教育観・学問観』財界人思想全集第7巻，ダイヤモンド社，1970年。

　　　　　　　　　　　　　　　　　　　　　　　　　　　　（生島　淳）

第2章
新たな調味料を大衆食文化として定着させた企業家
― 二代鈴木三郎助（味の素）と中島董一郎（キユーピー） ―

はじめに

　明治期の日本は富国のための勧業政策の下，政治，経済，文化などあらゆる面で海外，特に欧米のノウハウを取り入れ近代化を促進した。人々の生活も様変わりをしたが，中でも庶民の生活に大きく影響したものの1つに食生活の変化があった。

　明治初期より早くも西洋料理店が開業し，次第に評判が立つようになった。明治10年ごろにはあんパンが銀座の名物としてもてはやされ，ビスケットやチョコレートなど洋菓子の製造が始まった。明治20年ごろよりコーヒー店が現れ，明治30年に至ってバーやミルクホール，ビヤホールが相次いで開店し，明治40年には百貨店に食堂が開業した。当初は上流階級のみが堪能できるにすぎなかった西洋料理が徐々に庶民の生活に取り入れられ，すき焼き，とんかつ，ライスカレー，コロッケなどに代表される和洋折衷の料理が大衆食文化として定着していった。

　大正期に入ってガスや電気が普及し始めると，家庭の台所にも変化が生じた。栄養に関する知識が雑誌や本，料理講習会などによってもたらされ，家庭の主婦はこぞって家事に科学を取り入れた。大正末期に勃発した関東大震災は家事の効率化，洋風化をますます促進させた。こうした変化は都市部を中心に繰り広げられ，一方で農山漁村地域においては栄養不足が懸念された。日本は人口増加と相まって，食糧問題への対応を迫られてもいた。

そうした中，新たな食文化を生み出して日本に定着させた2人の企業家，二代鈴木三郎助と中島董一郎が登場した。二代三郎助は明治末期にそれまでになかった新調味料「味の素」の製造・販売を手掛け，中島は国産マヨネーズ「キユーピーマヨネーズ」の製造・販売を大正末期より開始した。両者共に品質の向上と安定に試行錯誤を重ね，広告宣伝に工夫を凝らして知名度アップに努め，歳月を重ねて販売数量を伸ばしていった。事業が軌道に乗り始めると類似品が多数出現したり思わぬ風評が立ったりなど，新たな障害が立ちはだかった。両者はパイオニアとして高品質の追求とシェアの確保に心血を注いだ。本章では二代三郎助と中島が新たな食文化を創造し大衆調味料として定着させるための戦略と企業家活動，その背景にある企業家としての資質や思考について考察する。

1. 二代鈴木三郎助

1-1. 一族による経営体制の確立

　二代鈴木三郎助（以下，三郎助）は1867（慶応3）年12月27日，相模の国三浦郡堀内村（現・神奈川県三浦郡葉山町）に，父初代三郎助，母ナカの長男として生まれた。幼名は泰助であった。初代三郎助は12歳のころから奉公に出て抜群の働きぶりで頭角を現し，ナカと結婚後，独立して雑穀や酒類，日用品などを商う「滝屋」を創業した。初代三郎助は実直で倹約家であると同時に躊躇（ちゅうちょ）なく大取引に臨む度胸も持ち合わせ，商才をいかんなく発揮して資産を築き上げた。ナカはそれをしっかり支えた。

　初代三郎助とナカは三郎助を筆頭に2男2女をもうけたが，三郎助が9歳のときに初代三郎助と次女が相次いで急逝した。29歳にして3人の子どもの養育と滝屋の運営を両肩に背負うことになった。明治女性としての節操と剛気な性格を備えていたナカは，これからは父に代わってしっかり教育する覚悟であることを涙ながらに幼い子どもたちに語った。このときのナカの鬼気迫る様子を三郎助は終生忘れることができなかったという。ナカは気丈に

振る舞って子どもを育て上げ，商売は縮小しながらも手堅く継続した。

三郎助は尋常小学校を終えると耕余塾に通った。耕余塾は陽明学の流れをくみ，漢文のほか英語，数学，理科，西欧史，法制などを教え，精神教育も徹底的に行った。三郎助は勉学に励む傍ら，年上の塾生から悪事も覚えた。ナカは三郎助の将来を

二代鈴木三郎助
提供：味の素。

考え，耕余塾を辞めさせて加藤小兵衛商店に小僧として奉公に出した。加藤小兵衛商店は米，酒，醤油や塩などを取り扱う問屋で，浦賀で手広く商売をしていた。三郎助はここで商売の基本のみならず米相場のノウハウも身に付け，父譲りの商才と忍耐強さを発揮して絶大な信頼を得た。

1884（明治17）年，三郎助は二代目三郎助を襲名し，滝屋を背負って立つことになった。奉公先で学んだ商売の知識を生かして業績を伸ばし，1887年に辻井テル（呉服商辻井繁七の次女）と結婚するとさらなる進展を期して水産業などにも手を広げたが，それが裏目に出てやがて資金繰りに苦しむことになった。穴埋めのために米相場に手を出すも思うようにいかず，家産を次々とつぎ込んだ。蛎殻町[1]に入り浸り相場に没頭するが起死回生はならず，家計は火の車となった。

家業を顧みない三郎助に代わり，ナカとテルは海水浴客向けに間貸しをして生活を支えた。あるとき顧客として訪れていた大日本製薬会社の技師・村田春齢が海岸に多量に打ち寄せられていた海藻のかじめを目にし，かじめから沃度[2]の原料であるケルプが生産できることをナカに教えた。ナカは村田のアドバイスに従い，試行錯誤の末に村田の折り紙付きのケルプ製造に成功した。ナカとテルはケルプ製造に本格的に着手することとし，工夫を重ねながら徐々に生産量を増やした。ナカから家に戻るよう再三要請されても相場から足を洗うことのなかった三郎助であるが，ナカとテルの必死の様相を

目にし，心を入れ替えて沃度事業に専心することを決めた。

　三郎助は事業を拡大すべく原料確保に乗り出し，静岡，愛知，三重の太平洋沿岸地域，東は房総半島にまで繰り出して交渉した。やがて沃度カリ，沃度チンキ，沃度ホルム[3]などの精製品も生産するようになり，1893年に200坪の工場を建設して鈴木製薬所とした。翌年の日清戦争勃発に際し，軍事用・工業用の硝酸カリ[4]製造にも着手した。そのころになると全国各地に同業者が出現し，沃度事業は輸入産業から輸出産業に転換を果たすまでに発展した。海外の沃度事業者が総力を挙げて対抗策を講ずる事態となったが，日本の事業者は結託してそれを阻止した。

　弟の忠治が学校を卒業し，1894年より本格的に事業に加わった。三郎助と対照的に学究肌であった忠治は生産技術の高度化に力を尽くし，家内工業からの脱皮を実現した。鈴木製薬所は一族経営体制を固め，社長兼購買・販売が三郎助，工場長がナカ，技師長が忠治，経理・庶務がテルという役割分担を確立した。

　三郎助はさらなる事業拡大を画策し，1901年に京橋区（現・中央区）に出張所を置いて東京進出を果たすと，1904年，麻布に東京工場兼事務所を構え，翌年に逗子工場を建設した。さらに1906年に合資会社安房沃度製造所と三重沃度製造株式会社を設立し，一帯の海藻原料を確保した。三郎助は加瀬忠次郎，棚橋寅五郎と共に3大事業者として並び称されるようになった。

　1906年，海外事業者への対抗と相場変動による事業の不安定化の解消を主目的に関東沃度同業組合が組織され，三郎助は初代組合長に就任した。しかし組合創設の真の目的を理解しない同業者が多く，翌年，鈴木製薬所は加瀬，棚橋と共に大倉喜八郎[5]の下に日本化学工業株式会社を新たに設立した。三郎助は専務に就任した。その中にあって三郎助は巧妙に立ち回り，自社から葉山工場だけを切り離し，資本金3万5000円をもって合資会社鈴木製薬所を設立して沃度事業を継続した。

1-2. 池田菊苗の特許工業化と「味の素」の発売

池田菊苗は1864（元治元）年，薩摩藩士池田春苗の二男として京都に生まれた。1889（明治22）年に帝国大学理科大学化学科を卒業し，1902年に理学博士を取得した。1908年に「グルタミン酸塩を主成分とする調味料製造法」の特許を取得し，甘，酸，鹹（塩味），苦の4味に加え，グルタミン酸ソーダにうま味とよばれる第5の基本的な味があることを明らかにした。

三郎助は池田の新発明の話を聞き，沃度事業と関連があるものと思い込み池田と面会した。その期待は当てが外れたものの，グルタミン酸ソーダによる新調味料の事業化に興味を持った。大倉の下で思うように力を発揮できない焦燥感から，世界に前例のない調味料の新規性に心が動いたものと思われる。その一方で果たして消費者に受け入れられるか確信が持てず，膨大な設備投資も必要となることから慎重に事業化を検討することにした。

三郎助は入念に新調味料と既存調味料とを比較すると同時に，一流料亭に試用を依頼し，各界の名士を集めて試食会を催した。食通と呼ばれる人たちの意見を聞き，中でもベストセラー小説『食道楽』の著者・村井弦斉から高い評価を得ると，事業成功の確信を抱いた。三郎助は池田に特許の共有を申し入れ，1908年9月に契約を締結した。特許権を共有する代わりに純益金の25％を支払う契約内容であったが，最初は赤字続きであったため，やがて生産量に応じて支払う条件に変更することになる。特許は日本に続きイギリス，アメリカ，フランスでも取得した。

三郎助は新調味料の製造・販売を，鈴木製薬所ではなく三郎助個人の鈴木商店の事業として行うことにした。万一失敗した場合，鈴木製薬所に影響が及ばないようにとの配慮からであった。とはいえ家族経営体制に変わりはなく，新調味料の製造販売は「味精部」で，沃度事業は鈴木製薬所の「製薬部」

明治41年11月17日登録
第34220号

登録商標
提供：味の素。

で行った。味精部は三郎助が統括し，忠治に製造，三郎助の長男である三郎に販売と広告宣伝を担当させ，製薬部は三郎助の女婿である鈴木百太郎に一任した。

　池田は新たな調味料を「味精」とネーミングをしており，事業部名もここからとったものであったが，いかにも学術のイメージの強い名前であった。インパクトがあり，かつ一般消費者にも受け入れられやすい商品名を検討した結果「味の素」に決定し，1909年12月24日に商標登録となった。三郎助はそれに先立って，内務省の東京衛生試験所に衛生上の無害評価試験を依頼した。未知の商品で，しかも人体に摂取される味の素の安全性を科学的に明確にしておかなければならないと判断したのである。1908年10月13日付で「遂ケシ試験ノ成績ニ遵レハ本品ハ之ヲ食物ノ調味料ニ供スレトモ衛生上無害ナリトス」との評価を得た。

味の素の最初の難関は生産体制の確立であった。昆布からグルタミン酸を抽出するには膨大な原料が必要となるため，池田は昆布に代えて小麦粉を使うことを考え，小麦粉に含まれるたんぱく質・麩質[6]を利用する方法を新たに考案した。1908年12月より逗子工場において製造を開始したものの，量産段階においてさまざまな難問にぶつかった。味の素は強酸塩を利用して分解していたため，塩酸による容器や器具，設備などの腐食にどう対応するか迫られ，塩酸ガスの発生による近隣からのクレーム処理にも追われた。数々の難題をどうにかクリアし，最初の製品が完成したのは1909年3月のことである。当初は精度が悪く，時間の経過による品質劣化も多かった。忠治をはじめとする技術陣は純度を上げるべく製造技術と製造設備を進化させ，品質向上を図った。

三郎助は一般販売を前に味の素を第1回発明品博覧会に出品し，銅牌を受賞した。それに自信を得，5月20日より満を持して味の素の一般消費者向け販売を開始した。5月26日に最初の広告宣伝として新聞広告を打った。全く新たな調味料を周知させるために，「食品界の大革新」，「理想的調味料」などの言葉を前面に出し，「理学博士池田菊苗先生発明」の品として味

の素の特徴を説明する内容とした。

　販売ルートは鈴木製作所の得意先である薬種問屋とし、容器は薬用の瓶を使用したため、薬と間違えられることがしばしばあった。一般家庭の購買力を考慮し採算を度外視して価格設定したものの、売れ行きは上がらなかった。そこで販売ルートを食料品店に替え、容器を食料品にふさわしい胡椒瓶に変更し、進物用桐箱入りも発売した。

　さらに三郎助が懇意にしていた大日本麦酒株式会社社長の馬越恭平の紹介で、新たな取扱店との関係を構築した。関西では松下商店、名古屋では梅沢商店、東京では鈴木洋酒店を大特約店とし、さらに国分商店、日比野商店を加え、販売ルートを全国に広げた。最初に味の素が受け入れられたのは関西であった。昆布をベースにした味覚文化と新しいものへの偏見のなさが勝因とされている。やがて松下商店を関西の総代理店とし、食料品店や酒販店に加えて乾物店の取り込みに力を入れた。

三郎助は1910年に日本化学工業の専務取締役を辞任し、味の素の製造・販売に専心することとした。別の仕事を掛け持ちしていた長男の三郎も味の素の事業に専念させ、以降、三郎は来る日も来る日も味の素の販売に明け暮れることになった。

　味の素は当初料理店をターゲットとしていたが、やがて最終需要者として一般家庭を想定し、新聞広告のほか新聞折り込みや電車の中吊り、チンドン屋などを活用して積極的に広告宣伝を行った。中でもチンドン屋が一番安かったため、楽隊を雇って「味の素」と染め抜いた旗を立てて街中を練り歩き、印半纏を着てビラを配った。全国各地を回り、チンドン屋による宣伝活動を展開すると同時に乾物屋や食料品店、酒屋、飲食店などを訪問して販売委託の交渉を行った。

　広告宣伝活動に当たっては、人口、映画館数、人力車数、芸者数などを見

発売当初の味の素
提供：味の素。

極めて市場規模を計った。その上で「新調味料案内」というパンフレットをつくって代理店や小売店に配布した。車の側面に「味の素」と書いて走らせたりもした。そのほか，料理関係の催しでの宣伝，アンケートを兼ねた懸賞広告などを行った。

　三郎助は1909年に京橋区南伝馬町（現・中央区京橋）に3階建ての店舗を構え，味の素本舗とした。店頭にショーウインドウを設置し，屋上にイルミネーションを施して広告宣伝の一助とした。

1-3. 株式会社鈴木商店の設立と味の素の事業拡大

　三郎助は鈴木商店の味の素製造・販売事業を鈴木製薬所と一本化することを決め，1912（明治45）年4月，資本金6万円で合資会社鈴木商店を設立した。1914年に川崎に新工場を建設し，味の素の製造を逗子工場から移した。工場長に三郎助の次女トミの夫，鈴木六郎が就任した。

　三郎助は早くから味の素の海外展開をもくろんだ。一般販売開始翌年の1910年に台湾，京城での販売を実現し，1914年に販売担当の三郎は台湾および中国を回り販路拡張にいそしんだ。三郎はさらに1917年にアメリカへ渡航してニューヨーク出張所を開設した。あまり成功しなかったが，このとき出張所を託した道面豊信は後に味の素の社長となる。

　1914年に勃発した第一次世界大戦による好況の波に乗って製薬部は大きく伸び，味精部も赤字からの脱却が見え始めた。三郎助は経営体制強化を期し，1917（大正6）年に株式会社鈴木商店を設立した。資本金は300万円で，鈴木一族とその関係者26人が株主となり，一族経営の基盤をさらに強固なものとした。

　1918年に第一次世界大戦が終結すると三郎助は反動不況を見越し，化学薬品事業を縮小して味の素の製造・販売に力を入れるべく方針転換を図った。三郎助の予想どおり景気は下降傾向を示したが，他方で株式市場および商品市場において投機が激化した。沃度関係の薬品も例外ではなく，価格高騰を受けて注文が殺到した。三郎助は再び工業製品取引を拡張したが，その

矢先にニューヨーク市場が崩落し莫大な損失を被った。三郎も投機熱高揚に乗じて独断で商売を広げ，悲惨な結果を招いた。

　この危機に救いの手を差し伸べたのは，鐘淵紡績株式会社の武藤山治および創業以来の最大特約店，松下商店であった。三郎助はこれを機に経営の立て直しを決意し，鈴木商店は味の素の製造・販売を主体とすることとした。鈴木家の家計と混在していた会計を明確に分け，予算制度を導入した。広告宣伝以外の経費を削減し，積立金制度を導入した。それに伴い沃度事業を徐々に縮小し，1923年4月に葉山工場の操業を停止した。1888年にナカが始めた沃度製造の歴史は，ここに幕を閉じた。三郎助は全社員を前に経営危機を招いた経緯を事細かに説明し，今後は味の素の製造販売に精魂を傾ける決意であることを宣言し，全社員の協力を懇願した。

　そのころより販売促進策として特に新聞広告に力を入れるようになった。食生活の必需品という位置付けを目指し，「美味，徳用，重宝」をアピールする宣伝活動を繰り広げた。家庭の主婦に訴求すべく，「お台所の相談役」「台所の必需品」「貰って便利，贈って安心」などのフレーズを前面に出した。

　また味の素会を結成して全国の販売店を組織化し，秩序の維持，親睦を図りつつ販売拡張に努めた。さらに1922年より開函券制度を導入した。味の素を納品する木箱に番号を付した開函通知票を入れ，受け取った小売店がそれに住所・氏名・仕入れ先問屋名などを記して鈴木商店宛に返送すると，抽選により報奨金が当たるというものである。小売店との関係強化とともに，流通経路の把握を目的としたものであった。

　都市部を中心に開催されるようになった料理の講習会で味の素を使用してもらったり，調理師団体の会合に味の素を贈ったり，理科学習用として味の素の製法や性能を書いた説明書を女学校に寄贈したりもした。将来主婦となる女学校の卒業生に，味の素の小瓶と料理本の贈呈も開始した。

　味の素の販売が順調に推移する中，原料がヘビであるとのデマが流れた。工場見学会を開催したり，新聞広告に「原料は小麦」との文言を入れたり，

さまざまな対応策を講じたが効果は芳しくなかった。原料ヘビ説が下火になったのは1923年の関東大震災発生時で，復興支援として原料の小麦を大量に供出したことがきっかけであった。三郎助は小麦粉3500袋の放出を決め，9月3日に芝区（現・港区）や川崎付近の3町村に無料で配布した。また徴収令に応じて2万300袋の小麦粉を供出した。これを契機に原料ヘビ説はようやく収束した。

　震災によって京橋本店は焼失し，川崎工場は倒壊した。三郎助は本店を自宅に移して事業を継続した。これを転機と捉えて生産設備の近代化と拡張を図ることとし，一部鉄骨建てを採用した工場を建設し，生産能力年産600トン以上の体制を構築した。その後も設備拡充と技術改良を適宜行い，1930年に年産1000トンに近い生産体制を整えた。

　1929（昭和4）年に味の素は発売20周年を迎え，記念祝賀会を各地で開催し，併せて本店社屋の建設を決定した。同年の味の素の生産高は約874トンに上った。事業開始後20年が経ってようやく安定軌道に乗ったのである。三郎助の感慨は計り知れないほどであったが，本社完成を見ることなく1931年に食道がんで死去した。享年65歳であった。

1-4.「味の素」大衆化戦略

　味の素の大衆化戦略は，未知の調味料「味の素」の知名度アップと商品知識の浸透を目的とする広告宣伝の展開から始まった。早くからターゲットを一般大衆に置き，さまざまな宣伝手法を駆使して相乗効果の創出を狙った。

　一般販売後10年間は苦しい状況が続き，生産高が目に見えて増加したのは1919（大正8）年のことである。1918年の85トンから一気に236トンに伸ばし，翌1920年に167トンに落ち込むが，それ以降は200トンを下回ることはなくほぼ右肩上がりで生産量を増やした。売上が順調に増加し始めると1922年ごろより新聞掲載の量を増やし，婦人雑誌などにも積極的に広告を載せ，特に家庭婦人向けに調味料としての高機能を簡潔にストレートに伝えた。1923年の関東大震災を機に原料ヘビ説を払拭すると，生産高はさら

図 2-1　味の素の生産高推移

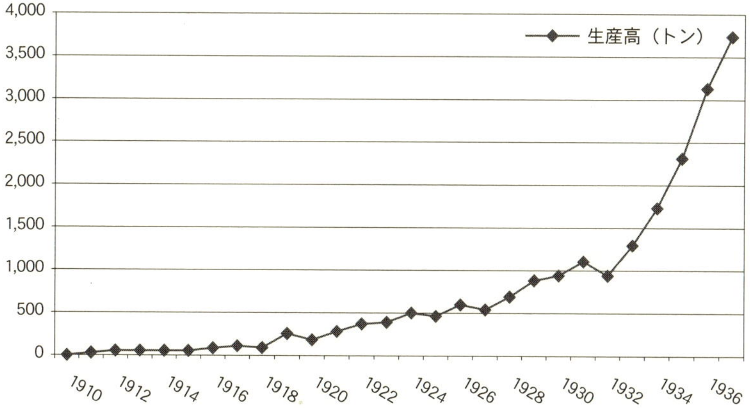

出所：味の素［1990］『味をたがやす―味の素八十年史―』56 ページより筆者作成。

なる伸長傾向を示した。その前後より家庭婦人への訴求力をさらに高めると同時に，将来の家庭の主婦である女学生への直接的アピールも行った。1922年からは全国を回って味の素の取扱店に看板を掲げるという普及活動も開始した。味の素ブランドの周知徹底を，売れ行きが上がってもなお地道に遂行したのである。

1920年ごろより類似品や偽造品が出現した。生産高が急激に伸び始めた時期で，味の素の成功に乗じて安易に参入する事業者や劣悪品も横行した。中にはでんぷんや小麦粉を混入したものもあり，味の素の信頼につながる深刻な問題を内包していた。対応策として外見で差別化できるよう包装に工夫を凝らし，東洋製罐株式会社の協力を得てヘリングボーン式巻取缶[7]を採用した。

1923年に味の素の特許権が切れる期限となったが，6年の延長が認められた。その上で味の素の製法を模倣した類似品に対して，特許権の侵害を理由に製造販売停止の仮処分の執行を申請した。6年延長は御木本真珠に次いで2番目となる事例であった。

製造の責任者として製法の改良に尽力し続けた忠治は1920年に研究室を

拡充し、技術の実用化試験を行う試験室を設置した。さらに1924年、学会などの研究成果を吸収するための研究課を設けた。科学的な生産管理を実現し、職人の官能に依存した生産からの脱却を果たした。

1927年に味の素が宮内庁のお買い上げ品に指定されると、川崎工場内に御用品謹製所を設け、特別に純白処理をして献納した。純白処理は手の掛かる工程であったため、宮内庁に納める分のみを特別生産していたが、一般販売品も同一の品質でかつ採算的にも引き合うようにすべく研究を進め、1933年に全量が100％結晶として生産できるようになった。これは類似品・偽造品排除にも大きな効果を発揮した。

合理化と価格戦略も大衆化を促す大きな要因となった。発売当初、1909年5月の価格設定は一般家庭の購買力を考慮し、小瓶40銭、中瓶1円、大瓶2円40銭とした。それでも庶民にとってはぜいたく品の部類に入るものであったため、同年12月、早々に価格改定を行った。小瓶25銭、中瓶50銭、大瓶1円にし、さらに小缶と大缶を設け、小缶を2円40銭、大缶を4円60銭で売り出した。その後も種類の追加および価格改定を行って大衆化への道を模索した。

1918年、赤字対応のために初の値上げを行った。加えて定価制を廃止して建値（卸価格）制に変えた。翌年も諸物価高騰のあおりを受けて値上げを余儀なくされた。しかし懸念された売上減にはならず、味精部は赤字から脱却した。

大正末年からは度重なる値下げを実施した。1926年に若干の値下げを行うと、翌年10％の大幅値下げを行った。さらに1929年に10％の値下げを行い、翌年、翌々年も値下げを断行した。その間あらゆる消費者、利用シーンを想定してラインアップの見直しも行った。中でも特筆すべきは、1931年のガラス製食卓容器入りの発売であった。都市部以外の地域、あるいは低所得者層に至るまで、日本の食卓の必需品として行き渡る原動力の一つとなった。

値下げは確実に需要喚起につながった。値下げを実現させたのは、需要拡

大による量産体制の確立と製造工程の改善によるものであったが、そのほか副産物の販売による影響も少なくなかった。味の素を製造する際、大量のでんぷんが発生した。当初は正麩屋[8)]に売り、売れ残りは廃棄処分としていたが、でんぷんを多量に使用する紡績産業に目を付けて売り込みを図り、鐘淵紡績の協力を得ることができた。副産物を利用して油粕、豆油、アミノ酸、肥料、薬品なども販売し、一大総合化学工業を展開するに至った。それにより味の素の生産原価の低減を可能とし、昭和期に入って以降の度重なる値下げを実現したのである。

2. 中島董一郎

2-1. 海外留学でつかんだ企業の芽

中島董一郎は1883（明治16）年、愛知県幡豆郡大宝村字今川（現・愛知県西尾市）に、父淳太郎、母キンの長男として生まれた。父方は代々医者で、淳太郎は医院を開業していた。信頼が厚く多くの患者が訪れていたが、警察官と学校の先生からは診療代・薬代はもらわず、貧しい人にも診療代を請求することはなかった。親戚から頼まれるままに借金の保証人になったことなどが重なって、総じて貧しい生活を強いられた。母キンの祖父は尾張徳川藩の勤皇の志士、田宮如雲である。キンは中島が10歳のとき早逝したが、中島は母から精神的な心掛けについて教わった。

中学校を卒業すると父の希望に沿って医者になろうとしたが、受験に2度失敗したため、水泳が好きであるとの理由から水産講習所の製造科に入学した。水産講習所は農商務省所管の学校で、中島は寄宿舎生活

中島董一郎
提供：キユーピー。

を送りながら水泳と船の腕を磨いた。夏休みの2カ月間，日光のホテルでボーイとしてアルバイトをした。そこでの体験を通して「目前の損得にとらわれないで真面目に努力すれば，世の中では必ず認められる」との考えに至り，これが信念の一つになった。水産講習所で中島は，恩師・伊谷以知二郎と出会う。伊谷は中島の企業家活動を決定付けた人物で，折に触れて指導・支援を仰ぐことになる。また水産講習所には後の水産界を担う逸材たちが数多く学んでおり，貴重な人的ネットワークを構築することができた。

水産講習所卒業後はいくつかの職場を経た後，缶詰卸商・若菜商店に就職した。中島は北海道の缶詰製造家や工場を訪ねるよう命じられ，樺太にまで足を伸ばして製造現場の実態や実務を把握し，製品の買い付けや取引先の開拓なども行った。やがて伊谷の勧めでカムチャツカにおける紅鮭缶詰製造を手掛けた。1910（明治43）年に堤商会（現・株式会社マルハニチロホールディングス）が日本で初めて同地における紅鮭缶詰の製造を行ったが，それに次ぐものであった。中島が生産実務を経験したことは，後のマヨネーズ製造・販売の布石になったと考えられる。

　水産講習所の1年上に在籍し後に東洋製罐を設立した高碕達之助，および伊谷の助言と協力により，中島は農商務省の実業練習生の試験に合格し，1912（大正元）年11月にイギリスに向けて出航した。その船中でオレンジ・マーマレードと出合い，ロンドンの下宿先の老婦人から製法を習得した。これが後に株式会社旗道園（現・アヲハタ株式会社）を立ち上げ，オレンジ・マーマレードを製品化するきっかけとなった。

　イギリスでは倉庫会社で輸入缶詰の打検[9]・荷造りのノウハウを学んだほか，缶詰の有力問屋を訪ね歩いて市場調査などを精力的に行った。中島は打検のノウハウ習得を通じて日本でも品質向上の一環として打検制度が必要であると考えるようになり，帰国後伊谷に進言した。伊谷の呼び掛けにより，中島商店（中島が1918年に創業）と堤商会が出資し，販売前の打検検査業務を手掛ける開進組が1920年に設立された。

　やがて戦争が日に日に激しくなり，滞在地をイギリスからアメリカへ移し

た。アメリカでは缶詰工場を訪ね歩き実際に現場で働くなどして見聞を広めたが，何よりの収穫はマヨネーズとの出合いであった。そのおいしさは中島にとって鮮烈であった。

2-2. 缶詰仲次業として独立

　4年の海外留学を終えて，1916（大正5）年の正月に中島は日本に戻った。鮭缶詰の買い入れ過剰によって経営難に陥っていた若菜商店の再建を果たした後，独立を決意した。伊谷の口添えで資金4000円を手にし，1918年2月11日，「罐詰仲次業中島商店」（現・株式会社中島董商店）を立ち上げた。仲次業とは海外留学中に見聞したいわゆるブローカー業で，中島は「いずれブローカーをやろう，と腹に決めて帰国した」[10]のである。在庫を持つ必要がない仲次業は，資金的バックボーンのない中島にとってうってつけであったといえる。一方で信頼がものをいう業種であった。

　初仕事はギル商会[11]からのオーストラリア向けピンクサーモン[12] 500函の注文であった。ギル商会から口銭（仲介手数料）を受け取る契約をし，購入先である逸見山陽堂（現・株式会社サンヨー堂）に代金を持参した。その際，口銭はギル商会から受領するため不要であるとして受け取らず，逸見山陽堂からの信頼を得た。やがて第一次世界大戦が勃発し，海上運賃が高騰した。横浜－ロンドン間の定期船の運賃が鮭缶詰1トン当たり40円のところ，臨時船は1000円に達した。中島は船舶会社から定期船のスペースを割り当てられている会社名を手を尽くして調べ，交渉の末にスペースを確保した。その上で取引先にロンドン渡しではなく横浜渡しで缶詰を売ることを提案した。取引先は多大な利益を手にすることができ，それに応じてもっと多額の口銭を受け取るべく言われたが，通常と同じ額以上は受け取ろうとはしなかった。この商売手法は中島オリジナルであったため多大な数量をさばくことになり，中島商店は経営基盤を構築することができた。

　大戦終結後日本は一転して恐慌に見舞われ，堤商会において大量のピンクおよびチャム缶詰の在庫が発生し，中島に相談が持ち掛けられた。輸出は望

めなかったため内地向けの販路開拓を検討し，支払いサイトの短縮化による価格低減を実施した。併せて「あけぼの印　堤の鮭缶詰」として大々的なプロモーションを展開するなどの手法を駆使し，国内での販売量を伸ばした。

その後中島は三菱商事の①印鮭缶詰を取り扱うことになったが，そこでも商才を発揮した。零細な中島商店の規模では考えられないほどの販売実績を次々と挙げ，「中島サーモン」と称されるほどになった。

2-3. マヨネーズの製造・販売に参入

1923（大正12）年，関東大震災が起こった。その前後で女学生の服装が和風から洋風へと大きく変化する様を目にし，中島は食生活の洋風化が急進することを直感した。他社の製品を取り扱うだけの事業展開には限界があると感じていたときでもあり，海外留学以来考え続けていたマヨネーズの製造・販売を決意した。当時缶詰販売が好調で，新事業に着手するための資金的余裕が比較的あったこともマヨネーズ事業開始に踏み切った理由の一つであったようである。

それより前の1919年，松岡幾四郎[13]はソースの製造・販売を主事業とする食品工業株式会社（現・キユーピー株式会社）を設立した。中島は発起人として取締役に就任して支援したが事業はうまくいかず，株式の大半を譲り受けた。数年は休業状態であったが，1924年にマヨネーズの製造を食品工業で行うことを決めた。マヨネーズ製造において中島がこだわったのは，原料の厳選であった。中島はアメリカでマヨネーズを口にしたとき，今一つ淡白であると感じた。そこで食品缶詰や輸入マヨネーズなどを買い求めて従業員と共に食べ比べ，日本人の味覚に合うマヨネーズを研究した。そして卵の白身を使わずに黄身だけを使用してコクを出すことに

発売当初のラベル
提供：キユーピー。

した。「日本人の体格を欧米人に負けないような体格にしたい」との思いの下，栄養価にこだわった結果でもあった。高碕の助言で「キユーピーマヨネーズ」と命名し，1925年に中島商店で販売を開始した。

マヨネーズ発売当初に得意先に送付されたと思われる案内状には，欧米で食されている調味料の中で日本人の嗜好に1番適しているのはマヨネーズであると思われること，キユーピーマヨネーズは新鮮な鶏卵の黄身と優良な植物油からつくられているので美味かつ滋養に富んでいることなどが書かれている。その上でマヨネーズのほとんどはアメリカやイギリスからの輸入品であり，今後需要増が期待できるマヨネーズが輸入品で占められているのは遺憾であるとし，研究を重ねて輸入品よりも低廉で品質優良なキユーピーマヨネーズの発売に踏み切ったとしている。さらに，輸入されている7～8種のマヨネーズと比較の上，納得ができたらお引き立ていただきたいこと，そして最後に用い方が記されている。マヨネーズの現状を知らしめ，国事に結び付けて日本の食生活におけるマヨネーズの将来性を期待させ，しかも謙虚ながらも並々ならぬ自信をうかがわせる内容である。当時輸入マヨネーズが細々と売られていたものの，日本での知名度はほとんどなかった。中島が販売店向けに出した案内状は，マヨネーズの何たるかを知らしめることと，国益を指向して輸入品を駆逐しようとの強い意志を示す目的があったものと考えられる。

1925年3月の発売に際し，全ての百貨店，および小売店500店にマヨネーズを取り扱ってもらう目標を立てた。中島商店は小売店に関する情報を何も持っていなかったため，電話帳を買ってきて名簿を作った。それを基に皆で手分けして巡回し，立地の良いよく売れる店を選定して営業をかけた。それまで百貨店や問屋との付き合いはあったものの，直接交渉はしていなかった小売店をターゲットにしたのは，問屋が未知の調味料であるマヨネーズの取り扱いに難色を示すことが予想されたからであった。そしてもう一つ大きな理由は，当初は品質が安定せず，日が経つと油と酢が分離してしまう可能性があったからである。

小売店の店頭で当時かなり高級品であった蟹の缶詰を開け，マヨネーズをかけて試食してもらった。また中島商店で取り扱っていた蟹缶詰および鮭缶詰のラベルに，「この『かに（さけ）』は，キユーピーマヨネーズをかけて召し上ると一番おいしうございます」と印刷した。

小売店500店の目標はかなりハードルが高かったが，地道に小売店を回るうちに問屋からも関心が寄せられるようになった。小売店への直接的な働き掛けで小売店における認知度が高まり，それが結果として1次問屋や2次問屋の関心を引き起こすことに

初の国産マヨネーズ
提供：キユーピー。

つながった。なお，三越，松屋，白木屋などの百貨店にはプライベートブランドをつくって納入した。

味の素同様，キユーピーマヨネーズも発売当初から小売店に納品する箱に開函通知書を入れ，荷動きのルートをつかんだ。年に1度それをまとめ，取引高に応じて贈呈品を贈った。何年かに1度は，有名画家の印刷絵画を額に入れて届けるなどの配慮も行った。また特約店に対しては割戻金で謝意を表した。中島は取引先とは信頼で結ばれるべきであるとの持論を実践し，対等な関係を構築することを心掛けた。接待などは一切行わず，中島自身もほとんど受けることはなかった。

新聞広告も展開し，週刊誌や婦人雑誌にも広告を出した。有名画家にポスターを描いてもらったり，一流スターをモデルに使うなど，斬新な広告宣伝を行った。発売当初の経営は苦しく，自らの生命保険証券を担保に借り入れたこともある。それでも中島は「宣伝は資本である」として広告宣伝に特に力を入れた。当初年間120函だった生産量は販売開始後10年を過ぎるころより急伸し，やがて10万函に達した。

販売量が1万函に達したころより，国内競合業者が出始めた。中には小麦粉や寒天を混ぜていた業者もあった。品質に絶対的な自信を持っていた中

図2-2 キューピーマヨネーズの生産量推移

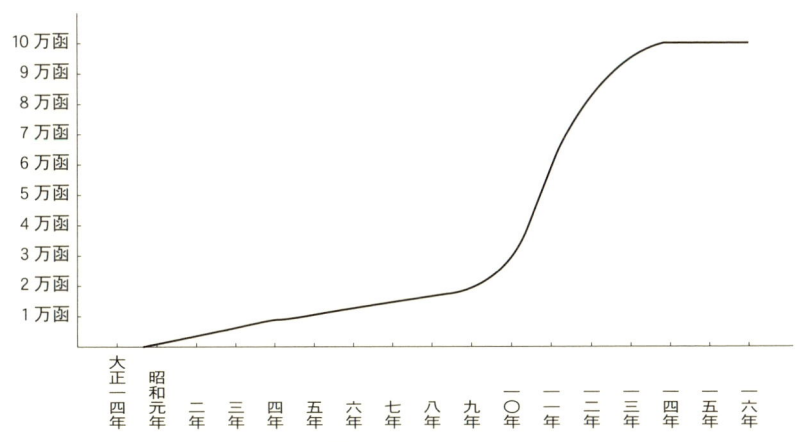

出所：井土［1993］『続　中島董一郎譜』董友会，268ページより引用。

島は「「御注意」澱粉類を混用した模造品がありますからご注意を願います。　澱粉質の有無は，マヨネーズを一サジ茶碗にとり，ヨードチンキの二，三滴かけるとすぐ判ります。　澱粉類を使ったものは紫色になりますが，キユーピーマヨネーズのように卵の黄身を用いた純正なものは変色いたしません。　お子様方の化学実験にもなりますから一度お試しを願います」との広告を出した。当初，日が経つと油と酢が分離することがあったが，アメリカの真空ミキサーを導入し問題を解決した。一方競合各社はいまだ手動で撹拌していたために分離の問題を内包しており，おのずと勝敗は決まった。

　最初の売り出し価格は128グラム瓶入り50銭であった。それを1927年には140グラム入りとし，45銭に値下げした。さらに1929年に35銭，1930年に25銭，1931年に20銭，1933年に15銭とした。機械化と合理化の推進，あるいは経費圧縮などの努力を重ねていたものの，広告宣伝と設備導入に多額を投入したため多方面からの借入を余儀なくされた。また赤字を計上した年もあることから，競合の出現に伴って採算度外視で値下げを実施したとの側面もあったように見受けられる。事実，キユーピーの度重なる値下げ

についていけず，目先の利益獲得を目的に安易に参入してきた競合各社はことごとく撤退した。

　1938（昭和13）年12月，中島商店は社名を株式会社中島董商店に改称し，資本金を18万5000円とした。マヨネーズの製造は引き続き食品工業で行った。太平洋戦争が勃発すると配給が途絶え，1942年にマヨネーズの製造を中止せざるを得なくなった。

　終戦後も公定価格制度が施行されている間は製造を行わなかった。食糧事情は戦中よりもさらに悪化し，加えて極度なインフレが国民を襲った。配給は遅れがちになり，従業員たちはもはや闇商売と関わってでもマヨネーズ事業を再開すべきと考え，中島に許可を求めた。他社は公然と闇商売に手を染めていたが，中島は頑として首を縦に振らなかった。闇ルートから購入した原料の品質に確証が得られないこと，価格が高いために公定価格では採算が取れないことに加え，摘発されれば逮捕者が出ることも理由の一つであった。

　従ってなかなか事業再興のめどを立てることができず，結果的に退職する従業員が相次いだ。中にはマヨネーズ製造を始めた者もいた。中島は所持品を処分し，借金をして退職金に充当した。缶詰販売や配給業務の傍らで野菜の栽培・小売りなどをしながら，残存した従業員数名と耐え忍んだ。

　マヨネーズの公定価格が撤廃されると同時にマヨネーズ製造を再開した。1948（昭和23）年のことである。東京都へ申請して小瓶130円，大瓶240円という小売値段で承認を受けた。まだ闇屋が横行していたが，決められた値段以上では決して売らなかった。やがてキユーピーマヨネーズの品質の良さが認められ，進駐軍より一括納入の依頼がきた。この仕事を受ければ原材料から容器に至るまで容易に入手できるばかりでなく，現金を手にすることができた。しかし中島は要請を断った。それまで築き上げてきた販売網を崩すことを厭い，小売店からの購入を申し入れたのである。

　キユーピーマヨネーズは戦後復興が遅れ，かつ製造再開直後の値段は安いものではなかった。百貨店や問屋筋のほとんどは値段が高過ぎて売れ行きは

あまり良くないであろうとの予想を立てていたが，それに反して売上は好調で，生産が間に合わないほどであった。その理由は品質に対するこだわりであろう。品質の高さがおいしさにつながり，消費者に支持されることになったものと思われる。その後売上高は右肩上がりに伸びていく。ここに「マヨネーズ＝キユーピー」の図式が定着し始めた。

2-4. キユーピーマヨネーズの大衆化戦略

　キユーピーマヨネーズの販売に際し，百貨店および小売店に直接営業を行った。品質的にまだ不安定だった発売当初，製品の鮮度を考慮して売れ行きの良い食料品店を中心に営業をかけた。また，「最初はとにかく食べてもらうに限る」との考えに基づき，高級品の蟹缶詰を店頭で惜しげもなく開け，マヨネーズをかけて試食してもらった。小売店への直接営業は，マヨネーズの販売実績の増加とともに小売店から問屋へ問い合わせが寄せられることにつながり，結果として販売を促進する効果があった。

　新聞広告は全面広告ではなく，30行の豆広告を全国版に毎日掲載した。「マヨネーズ」という言葉を浸透させるため，できるだけ多くの人が目にする位置に繰り返し掲載することで認知度を上げようとの意図であったと考えられる。有名画家にポスターを描いてもらったり，一流スターをモデルに使うなど斬新な広告宣伝を展開したのは，一般大衆への浸透を目的としながらも，一種のイメージ戦略を打ち出したものと考えられる。原料と品質に徹頭徹尾こだわるという意味において，一流であるとのイメージを伝えたかったとも推察される。

　品質への一貫したこだわりはキユーピーマヨネーズが食文化として定着するに大きな武器となった。「食品作りに携わる者は，いかなる犠牲を払っても消費者の健康を守ることに徹しなければならない」ことを食品メーカーとして守るべき固い信念とし，「良い製品は良い原料からしか生まれない」との考えの下，原料の吟味を行い，採算を度外視して品質を追求した。品質に関してはわずかの妥協も許さなかった。それが安全性と同時においしさにつ

ながり，類似品が多数出回った際，品質による差別化によって他社製品を駆逐することになった。

　品質へのこだわりは，取引先への度重なる要請にも表れている。先入れ先出しの徹底，飾り窓に陳列する場合は常に新しいものと交換すること，日当たりの良い場所や温度の高い所に配置しないこと，そして万一色や味に異常が生じた場合はすぐに交換に応じることなどを再三伝えた。末端の消費者が手にしたとき品質に問題が生じることを懸念したのである。取引先とのやりとりは流通経路把握のために採用した開函通知書を活用して行い，マヨネーズの取扱注意事項を繰り返し書き送り，加えて新製品のPRなどにも役立てた。

　品質の維持・向上のために金に糸目をつけなかった中島は，利益の源泉を徹底した合理化に求めた。生産合理化は利潤確保のためであると同時に，大量生産に備えるものでもあった。当初，日が経つと油と酢が分離することがあったが，1929年の暮にアメリカ製ミキサーを導入し問題を解決した。アメリカではマヨネーズ製造に開放型ミキサーを使用していたが，中島が導入したのは真空型であった。空気を除去し，品質の劣化を防ごうと意図したものと考えられている。マヨネーズ製造の先行国であるアメリカを範としつつも，独自の研究を基に最適機種を選択したということである。ミキサーは2年後の1931年にもう1台導入し，さらに同年，充填機も導入した。広告宣伝と製造関係以外の経費は厳格に削減し，1927年から1933年の間に価格を3分の1に低減させた。

　中島は戦後マヨネーズ製造を再開した折も，高いレベルで衛生面に配慮した工場を建設した。最新機械の導入を積極的に行い，オートメ化を図った。その傍ら生産に関係のないところはでき得る限りコストカットを行い，「中島さんは工場に対して投資を惜しまないが，事務所には金をかけない」と言われた。その上で値下げを断行し，戦後，1961年3月までに17回値下げした。値上げは2回のみであった。高品質低価格製品の追求は，マヨネーズ製造当初からの変わらぬ方針であった。

生産量の増加に伴い，製造過程で不要となる卵白の処理が問題となった。当初は卵白を必要とする商店に売り渡し，製薬会社や印刷会社などで利用された。さらに生産量が増加すると，卵白を乾燥しフレーク状にして製薬会社などに売った。生の卵白をカマボコ製造者や製菓業者などに販売もした。これも価格低減の一要因になったと考えられる。

おわりに

二代鈴木三郎助と中島董一郎が知名度のない調味料をいかに大衆化させたのか，その過程を比較するといくつかの相違点が見えてくる。

　過去に類がない新規事業への参入には両者の企業家精神を垣間見ることができるが，その背景にはかなりの違いがある。三郎助の口癖の一つに「それは儲けになるのか」があった。お金さえあれば専門家を雇って研究・調査できるとの考えから発せられた言葉であり，常に事業の革新・成長を志向していた姿勢が見える。一方の中島は，欧米から新規性のあるものを日本に取り入れようとの意志があったようで，留学先でたまたまマヨネーズのおいしさに触発され，おいしく栄養価の高いマヨネーズを日本にも普及させたいと考えるに至り，事業化を胸に秘め，時機を待って参入を決めた。つまり，三郎助は，既に沃度事業がある程度軌道に乗っていた中で，事業拡大に重きを置いて新事業である味の素の製造・販売に着手した。それに対し，中島のマヨネーズ製造・販売は独立して起業する以前の夢であり決意であった。そのベースには，輸入品の駆逐と日本人においしく栄養価の高いものを提供して福祉に貢献したいとの考えがあった。

　事業参入後の共通点としては，早い段階から一般大衆をターゲットにしたことが挙げられる。味の素もキユーピーマヨネーズも当初はぜいたく品に分類されるものであったが，量産化と合理化により価格低下を推進し，庶民に手の届く製品に仕立て上げた。その過程において製法の改良や設備の拡充を都度行い，あるいは副産物の有効利用にも意を注ぎつつ，品質の向上と価格

低下の両方を追い求めた。常に先駆的手法をもって品質向上に取り組むことで類似品の排除にもつなげた。そこにはパイオニアとして品質に妥協せずとの揺るぎない意志が見て取れる。

　製品の周知と知名度向上のために，広告宣伝に投資を惜しまなかったことも両者に共通している点である。味の素はバラエティに富む手法を駆使し，相乗効果の発揮につなげた。キユーピーマヨネーズは新聞や雑誌への広告などで直接的アピールを行う一方，一流画家や女流モデルを起用したポスターを作製するなど，イメージ戦略にも力を注いだ。

　特約店とのリレーション構築に注力したのも共通した点であるが，その手法には違いがかなり見える。三郎は特約店との関係について「一度委託店になって貰った以上，単に製造元と販売店という関係に止まることなく，私たちと深く人間的なつながりをもつように心がけた。…（中略）…例えば，販売店の家中に不幸があれば，礼をかかさないようにつとめた。しかし広い全国の販売店のこと，知らないこともあったし，また行かれないこともあった。そういう時は，後にその地方に回った時，ひそかに，その家のお寺に訊ねて行って，供養したものである。それを知らさなくても，坊さんの話などで，自然誠意は通じるものである」[14]としている。これは三郎が三郎助から無意識下に教えられた，「お芽出た来にはそれ程気を配らなくとも，人の不幸——病気の場合とか，若くは喪の場合には心からいたわり慰め，心から同情しなければならぬ」[15]との考えに基づくものであったと考えられる。一方中島は対等な立場での取引を心掛け，秩序と礼節をもって接すると同時に，地道に情報交換することで信頼をつくり上げる努力を重ねた。例えば値崩れ対策について中島は，一社の安売りがもたらす弊害を心を尽くして説明をした上で，「一回で駄目だったら二回，二回で駄目なら三回と何回でも諦めずに訪問し，その安売りをするお店と根くらべをするようなつもりで，地道な努力をすることが値崩れを防止するためにメーカーとしてできる限界ではないかと思います」[16]と言っている。いわば，味の素は情に訴えて親近感のある付き合いをしたのに対し，キユーピーはなれ合うことのないよう一定の距

離を置きつつも地道に情報をやりとりすることで信頼を構築した。
　両者の明らかな違いは生産・品質の管理体制にあったといえる。三郎助は味の素の生産管理を弟の忠治に全任し，生産や品質に関することは必ず忠治の意見に耳を傾け尊重したのに対し，中島はあくまで自身が基準であった。
　以上のような相違点はいかに生じたのであろうか。三郎助の企業家としての特性は，父譲りの優れた商才と投機性の高い商いに挑む度胸にあった。専門分野は専門家に任せ，相手の懐に飛び込むずば抜けた才能を武器に，自身はオルガナイザー的役割を果たしたという特徴がある。再三株に手を出して失敗もしたが，再起不能に陥らなかったのは母の戒めがあったからであろう。失敗から這い上がる度に決意を新たにし，本業への集中を誓うと同時に，社会的使命感を身に付けていった側面が見受けられる。一方の中島は多くを語らず，企業家や企業の姿勢は全て製品に表れるものと考えており，自らアピールすることはほとんどなかった。自身を律し，手堅く地道な商売に徹した。医者として信頼が厚く貧しい人に診療代を請求することはなかった父，そして武士の精神を教えられた母からの影響が大きかったと思われる。
　三郎助が新たな食文化を創造することができたのは，味の素に入れ込む尋常ではない情熱のたまものであった。新規事業，しかも先例のない事業が成功するかどうかは，いかに計画が綿密であっても100パーセントの保証はない。常に成長と事業拡張を考えていた三郎助は不確定要素の多い事業にもあえて挑戦した。殊に味の素は当初赤字続きであったにもかかわらず，沃度事業で得た利益をつぎ込んだ。三郎助をその気にさせたのは，かつてない調味料という全く新たなものに対する企業家としての夢やロマン，人々の食生活を豊かにしようとの大志，そして成功への確信であったのではないだろうか。確信を支えたのは，忠治や三郎をはじめ堅固な家族経営を実現し得る血縁者に囲まれ，彼らが十分に才能を発揮したことであろう。一方，中島が新たな食文化としてキユーピーマヨネーズを日本の食卓に根付かせることができたのは，人として当然持ち合わせるべき心に沿い，人として当然果たすべき行動をした結果であったと考えられる。中島の長男である中島雄一[17]

は，中島が生前にしたためた自らの死亡通知の差出人が「キユーピー」「青旗缶詰（アヲハタの前身）」「中島董商店」の順になっていることを指摘し，キユーピーは中島にとってお預かりものとの気持ちの表れであるとしている[18]。中島董商店は自身が立ち上げ経営してきた会社であり，青旗缶詰は中島の出資をもって廿日出要之進[19]に任せた会社である。そして食品工業（キユーピー）を設立したのは松岡幾四郎で，中島はたまたまその株を譲り受けてマヨネーズの製造を手掛けたものであり，故に同社は人からのお預かりものであるとの考えを抱いていたということである。自分より遠い立場にある人たち，すなわち，自分よりも家族，家族よりも従業員，従業員よりも取引先，取引先よりもその先にいる消費者に重きを置くことを基本とした中島は，自分が設立した会社よりも自身の出資で人に任せた会社，それよりさらに人からお預かりしている会社，すなわちキユーピーの信頼を落とすことがあってはならない，万が一にも経営上の失敗をしてはならないとの気持ちが強かったのではないかという考えである。しかも規模の追求ではなく質の追求をもって事業経営することが，自分を信頼して預けてくれた人々への報恩であると考えたのであろう。

　味の素，キユーピー共に主力製品名を社名に掲げて今に至っており，うま味調味料およびマヨネーズ市場で確固とした地位を確立し，日本を代表する食品会社として日本，そして世界の食卓を支えている。事業展開手法には大きな違いがあり，味の素は早くから海外展開を志向し，海外の大資本との積極的提携を通じて事業拡大を図ったのに対し，キユーピーはマヨネーズの周辺領域に1歩ずつ事業参入してきた。しかし両社共にその核にあるのは，創業時の主力商品である味の素とキユーピーマヨネーズの事業展開過程で得た技術やノウハウである。

　性格や資質はもちろん，事業および経営に対する考えに大きな違いが見られる2人の企業家，二代鈴木三郎助と中島董一郎が育て上げた2つの企業は，いわば戦略レベルでは共通点が多く，戦術面では違う手法をとった。2人の企業家としての資質，経営理念の違いは企業の特質や特性の違いになっ

ているものの，日本になかった新規調味料を一般大衆食品に育て，そのノウハウを核とした事業領域で企業継続が図られ，約 100 年経った現在もトップブランドとして君臨しているという大きな潮流から見れば，非常に似通った道程を歩んできたともいえる。

注
1） 東京都中央区日本橋の地名で，米穀取引所が設置されていた。
2） ヨウ素と同義。医薬品・染料などの製造に用いる。
3） 沃度カリは医薬品などに，沃度チンキは消毒薬として，沃度ホルムは防腐剤や殺菌剤として用いられる。
4） 火薬やガラスの原料，あるいは肥料として用いられる。
5） 大倉は大倉財閥の基礎を確立した企業家であり，大倉商業学校（現・東京経済大学）の創立者。
6） 植物性のタンパク質の一種で，グルテンと同義。
7） 付属の巻き取り鍵を使って開封する仕様の缶。
8） 正麩とは小麦のでんぷんで，のりとして利用した。
9） 缶詰の蓋や底を棒で叩いて不良品を判別すること。
10） 井土『続 中島董一郎譜』董友会，1993 年，81 ページ。
11） 中島が若菜商店に就職する前，京成電鉄の創立事務所で勤務した際に知り合ったイギリス人・W. H. ギル氏が営む会社。中島とギル氏は終生の友となった。
12） 鮭缶詰には，レッド（べにざけ），キング（ますのすけ），シルバー（ぎんざけ），ピンク（からふとます），チャム（しろざけ）の種類がある。なお，ピンクは分類学上はさけ科のさけ属に入るさけであり，欧米ではピンクサーモンという（日本缶詰協会 HP「かんづめハンドブック」より）。
13） 松岡は中島の異母妹・サダの夫である林尚志の兄。松岡の弟である林米五郎から中島は，中島商店設立の折に伊谷の口利きで融資を受けた。
14） 鈴木「商売をモノにするまで」『苦労人の苦労話』1955 年，53-54 ページ。
15） 鈴木「誠意の報酬」『財人随想』新夕刊新聞社，1955 年，179 ページ。
16） 藤田『わが人生航路　世の中「存外公平」』日本食糧新聞社，1997 年，78 ページ。
17） 中島雄一は中島の長男。1945 年に中島董商店入社し，1971 年に代表取締役社長就任。翌年キユーピーの取締役に就任し，1973 年に代表取締役会長，2001 年に取締役相談役に就任。2008 年，享年 87 歳で死去。
18） 廿日出要之進思い出の記編集委員『廿日出要之進思い出の記』1979 年，170-172 ページ。
19） 廿日出は水産講習所の中島の後輩で，中島商店に入社。1932 年に中島の出資で設立した旗道園の経営を任された。

※なお，本章の一部は『日本経営倫理学会誌第 21 号（2014 年）』に掲載されております。

参考文献
○二代鈴木三郎助について
味の素『味をたがやす―味の素八十年史―』1990 年。
味の素『味の素グループの百年―新価値創造と開拓者精神』2009 年。
味の素社史編纂室『味の素株式会社社史 2』味の素，1972 年。

内川芳美編『日本広告発達史（上）』電通，1976年。
実業之日本社編『事業はこうして生れた―創業者を語る―』実業之日本社，1954年。
鈴木三郎助「商売をモノにするまで」『苦労人の苦労話』実業之日本社，1955年。
鈴木三郎助「誠意の報酬」『財人随想』新夕刊新聞社，1955年。
〇中島董一郎について
荒木幸三編『創業者中島董一郎遺聞』中島董商店，1997年。
井土貴司『続　中島董一郎譜』董友会，1993年。
井土貴司『中島董一郎譜　戦後編』董友会，1995年。
井舟萬全『伊谷以知二郎を語る』日本食糧協會，1937年。
高橋敬忠編著『西尾が生んだ大実業家　中島董一郎の世界』三河新報社，2003年。
中島董一郎／董友会『中島董一郎譜』董友会，2005年。
廿日出要之進思い出の記編集委員『廿日出要之進思い出の記』廿日出要之進思い出の記編集委員，1979年。
藤田近男『わが人生航路　世の中「存外公平」』日本食糧新聞社，1997年。

（島津淳子）

第2部

第3章
食品大企業の成立：製糖業
―鈴木藤三郎（台湾製糖）と相馬半治（明治製糖）―

はじめに

　砂糖消費は一国の経済発展のバロメーターと言われるように，いわゆる奢侈品である砂糖は経済的に余裕のある消費者だけが食することのできる商品である。ゆえに，日本における砂糖消費の伸びは，そのまま日本が豊かになっていったことを示していた。事実，1905年に6.37斤しかなかった一人当たり日本の砂糖消費量は，21年に18.93斤へと伸び，39年にはついに26.45斤までの大きな伸びを示すに至る（台湾総督府『第二十九台湾糖業統計』182ページ）。こうした日本における砂糖消費の拡大傾向について，一人当たり消費の拡大傾向ともども図3-1に端的に示されている。ここで言う砂糖には，戦前日本国内で製造していた精製糖とともに，日本が日清戦争の結果獲得した植民地台湾で製造していた分蜜糖が含まれており，本章が対象とする製糖業とは，台湾において事業展開された分蜜糖製造業のことを指し，厳密には近代製糖業と呼ばれる産業のことである。

　一方，戦前日本の主要産業に目をやると，1929年下期の鉱工業会社の総資産上位20社に製糖会社が4社も入っており（台湾製糖10位，大日本製糖11位，明治製糖14位，塩水港製糖17位：経営史学会編［2005］406ページ），近代製糖業のメインプレイヤーであった四大製糖各社が日本経済全体で大きな地位を占めていたことがわかる。こうした戦前の重要産業であった近代製糖業の黎明期を担った台湾製糖の鈴木藤三郎と明治製糖の相馬半治に

図 3-1　日本砂糖消費市場の推移

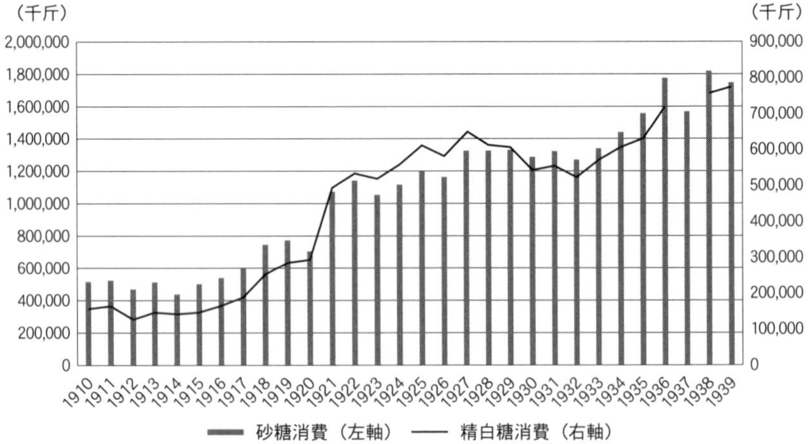

注：1937年については，精白糖と分蜜糖を合計した消費量しか出所には掲載されていなかったため，精白糖だけの消費量は不明である。
出所：台湾総督府『第二十九台湾糖業統計』161ページより作成。

光を当て，食品産業の成立をめぐる企業者群像を描くことが本章に課せられたテーマである。そこで，両者の企業者活動を論じるに際し，まずは近代製糖業を概観することから始めていきたいが，とりあえず分蜜糖の種類について前もって説明しておくことにしよう。

　砂糖の種類はきわめて複雑であるため，その主たる分類に限定して分蜜糖の種類を見ておくと，製法別と用途別の大きく二つの分類が可能である。まず製法別には，粗糖と耕地白糖に分れ，粗糖はさらに原料糖と直接消費糖に分れるが，この原料糖とは精製糖用の原料に限定されていることに注意したい。また，耕地白糖とは和蘭標本色相という純白度・糖度の分類で最高ランクに位置づけられる精製糖に外見上は似た砂糖で，精製糖のように2段階の加工プロセスを経ないことから，コスト的にも税金面でも精製糖よりは有利であるため，格安な精白糖として1930年代以降その消費量を大きく伸ばしていく。一方，用途別に分蜜糖を分類すると，先述した原料糖と直接消費糖に分れ，後者には分蜜糖とともに含蜜糖も含まれていた。

1. 近代製糖業の概観

1-1. 心臓部としての原料甘蔗

図 3-2　台湾分蜜糖生産量と甘蔗収穫量の推移

注：1斤は 0.6kg である。
出所：台湾総督府『第二十九台湾糖業統計』1ページより作成。

　近代製糖業の特徴として，分蜜糖の原料である甘蔗収穫の重要性がまず指摘できよう。その重要性は二つの点から確認することができる。一つが，生産コストに占める甘蔗関連コストの大きさである。1920年から39年までの20年間の平均で，原料代45.47％，原料諸費16.19％，製造費11.99％，営業費16.80％，販売費9.54％となっており，原料費と原料諸費を合計した原料関係費が全体の61.67％を占め（台湾総督府『第二十六台湾糖業統計』104ページ，『第二十九台湾糖業統計』104ページより算出），実に製糖コストの6割を占める原料甘蔗は当該業の心臓部とも言える存在であった。

　いま一つが，分蜜糖生産量と甘蔗収穫量の関係である。両者の推移を示した図3-2が端的に示すように，甘蔗と分蜜糖の産出量はほぼ同じような推移をたどっており，原料甘蔗の収穫量が分蜜糖の生産量を規定していたことが

見て取れる。ここでは，甘蔗収穫量の安定がいかに重要であるかを確認すべく，1912-13年と33-34年の2つの局面に言及しておきたい。前者は2年連続して台湾を襲った台風，とりわけ暴風によって甘蔗がなぎ倒され，甘蔗収穫量の減少によって分蜜糖生産量も減少した局面である。一方，29年に自給自足を達成して以降増収傾向は続き，32年の大増収により分蜜糖価格の下落を危惧した糖業連合会[1]メンバー各社が，2年度にわたって生産調節を実施したのが他でもない後者の局面であった。

1-2. 米糖相剋

近代製糖業の心臓部であった原料甘蔗をいかに安定的に調達するかは製糖会社各社にとってもっとも重要な課題であったわけだが，その前に立ちはだかった最大の障害が米糖相剋問題であった。近代製糖業を台湾において確立させるうえで重要な役割を担った製糖場取締規則[2]が1905年6月に公布されたことは，製糖会社の各工場ごとの原料採取区域を定めることを意味していた。図3-3は29年段階の同区域を示したものであるが，山地が3分の2を占め平地が限られていた台湾にあって，西部を中心として原料採取区域が配置されていたことがわかる。

この原料採取区域をめぐって押さえておきたいのは，個々の工場の採取区域で栽培された甘蔗は同工場に買い上げてもらわねばならないが，農民は甘蔗を栽培する必然性はなく，競合作物である米を栽培する自由を奪われていなかった点である。原料採取区域内の農民にとっては，常に米と甘蔗の買上価格を比較しつつどちらを栽培するか決定する裁量が与えられていたことになるし，そうした農民から安定して原料を調達しなければならない製糖会社にとっては，米ではなく甘蔗を栽培してもらうためのインセンティブを与えなければならず，買上価格・割増金の引き上げや様々な植付奨励金の付与といった諸方策を講じることなく安定的な原料調達は実現できなかったのである。甘蔗作付面積の6割強は南部，米作付面積の6割強は中部以北に位置することからもわかるように[3]，米栽培の盛んな中部以北の原料採取区域にお

1. 近代製糖業の概観　77

図 3-3　製糖会社各社の原料採取区域（1938 年）

出所：台湾総督府『第十七台湾糖業統計』所収の「台湾糖業図」。

いて，米糖相剋問題はなかでも深刻であったということになる。そして，1920年代中期に蓬莱米[4]という日本国内の米に近い新品種が登場して以降，米糖相剋状況は全島レベルで，しかも個々の採取区域の抱える特殊地理環境もからまって重層的に進展して行くこととなった。

1-3. 近代製糖業の業界再編

近代製糖業界の歴史は，3度の業界再編を経て四大製糖と称されるメインプレイヤー4社，台湾製糖，明治製糖，大日本製糖，塩水港製糖へと収斂していった歴史であったが，ここでは本章のテーマである鈴木藤三郎と相馬半治が創業にかかわった台湾製糖と明治製糖に関連して，当該業の再編を概観しておきたい。まず，第1次再編は第1次世界大戦前後に起き，それまで1915年までにのべ29社が創業していたが，相次ぐ合従連衡によって20年には12社まで製糖会社は集約されていったのである（『台湾糖業統計』（大正5年刊行）10-11ページ，『台湾糖業統計』（大正9年刊行）18-19ページ）。

　こうしたなか，当該業界に大きな再編をもたらしたのが1927年の金融恐慌であった。東洋製糖は2工場が明治製糖に売却されたのを除き大日本製糖に合併（10月），塩水港製糖の2工場が台湾製糖に売却（12月）という事態を招き，あわせて塩水港製糖の林本源製糖の買収（2月），新高製糖の経営権が大日本製糖へ（6月），昭和製糖による台南製糖の事業継承（28年1月）といった動きとともに（台湾総督府『第十八台湾糖業統計』22-23ページ），後の4社体制への地ならしが着々となされる。事実，四大製糖の占有率（27年3月→28年3月：『第十五台湾糖業統計』6-9ページ，『第十六台湾糖業統計』6-9，82-85ページ，『第十九台湾糖業統計』84ページより算出）は，製造能力59.9％→74.2％，産糖高61.9％→76.2％という具合に大きく増加するに至ったのである。

　最後に第3次再編であるが，近代製糖業界のメインプレイヤーによる相次ぐM&Aにより，文字通りの四大製糖体制が確立する。生産シェアの9割近くをメインプレイヤー4社で占めるに至り，近代製糖業界は四大製糖体制

へと収斂していったのである。その四大製糖の一角を担った台湾製糖と明治製糖の草創期を支えた鈴木藤三郎と相馬半治について，近代製糖業への貢献を中心に論じることが本章のテーマに他ならない。

2. 鈴木藤三郎と台湾製糖

2-1. 日本精製糖業のパイオニア―前史―

　本章に与えられたテーマは近代製糖業の成立をめぐって鈴木藤三郎が果たした役割であるが，なぜ鈴木が糖業とかかわるようになったのかを考えるとき，日本国内で展開された精製糖業に触れる必要がある。そこで，彼の生い立ちを遡りつつ，鈴木がどのようにして糖業と出会い，日本精製糖業のパイオニアと称されるに至ったのかをまずは見ていくことにしよう。

　1855年11月18日に遠江国森（静岡県周智郡森町）に生まれた鈴木藤三郎の思想に多大な影響を及ぼしたのは二宮尊徳であり，実家にたまたまあった『報徳の教え』に出会ったことが鈴木の人生を大きく変えることとなった。尊徳の教えとは，「誠を尽して，よく働いて，自分の分度を守って倹約して，余したものは世間に推譲せよ」という報徳訓を基礎としていた（鈴木［1956］12-14ページ）。そして，その教えを徹底研究して悟りを開いた鈴木は，「人は，金銭や名誉を目的として働くのは間違っている。国家や社会のために，その真の幸福を増進することを目的として，仕事をするのが本当である」と人生問題を一刀両断に割り切ったが，彼の58年の生涯はこの思想の実践史に他ならなかった（鈴木［1956］16-17ページ）。

　鈴木藤三郎はきわめて実効的な人間であり，尊徳の教えを実践すべく家業の菓子製造

鈴木藤三郎（台湾製糖）
出所：地副・村松［2010］。

も「荒れ地の力で荒れ地を拓く」という方法で始めていたが，同時に氷砂糖や白砂糖の製法研究を志していた。しかし，氷砂糖を実際に製造していた家は当時1，2軒だけで，しかも他人には見せないという有様だったため絶望的な状況であった。東京の本屋で吉田五十穂訳『甜菜糖製造書』を手に入れるも，精製や漂白法には触れていなかったため鈴木を落胆させることになる（鈴木［1956］24，29，32ページ）。数年のときが経った1882年秋，二宮尊徳の二十七回忌の法会が営まれる野州（栃木県）今市へと森町報徳社の仲間と旅に出た帰路，宇都宮の宿屋で夜中目を覚ました鈴木は，隣室で結晶の学理について議論しているのをたまたま耳にする。そして，いままでの度重なる実験が失敗に終わった原因にようやく気づくのである。後に精製糖事業が大成したとき，「あれは尊徳の霊が，彼の熱心さに感応して，ああした奇跡を現したのだ」と言われたものだが（鈴木［1956］34-37ページ），満5年の歳月をかけて苦しみ抜いていた鈴木だからこそ，偶然を必然へと変えることができたとも言えよう。

鈴木藤三郎が二宮尊徳の教えに感化されたされたことは先述したところであるが，「国家や社会のために」という彼の人生訓はそのまま氷砂糖の製法研究にも当てはまっていた。若い頃から砂糖を用いて菓子製造に携わりつつ，高価格低品質だった氷砂糖の製法を研究して鈴木の頭には，当時日本の入超要因の一つであった砂糖を自給することへの強い思いがあった。すなわち，「国内で大量に機械生産すれば安値で売ることができ，国益にもなる」（地副・村松［2010］6ページ）と考えていたのである。自己流ながらも氷砂糖の製法を編み出した鈴木の歩みは以下のようであった（地副・村松［2010］7-8ページ）。1887年福川泉吾の資金援助を受け氷砂糖工場建設，95年精製糖工場の完成，96年個人経営の鈴木製糖所を日本精製糖株式会社に，そして，96-97年機械購入と技術習得のため欧米視察へ。欧米視察から帰国後99年には『日本糖業論』を著すに至るが，そのなかで鈴木は次のように述べている。

「文化ノ進歩ト共ニ精糖業ノ需用増加スルコト世界万国一軌同轍ナリ。

……将来自国ニ原料ヲ得ルノ望アルニ於テハ誰レカ将タ我国ノ香港ニ優ルヲ疑フモノアラン」(地副・村松［2010］82ページ) と。

2-2. 日本精製糖を舞台とした新旧経営陣の対立

経営者としての鈴木藤三郎を語るうえで，いま一つの象徴的な逸話を紹介する必要があろう。それは，日本精製糖の創業者であった鈴木が同社から事実上追放される局面をめぐってである。

日本精製糖はいわゆる日糖事件によって倒産寸前の失敗を経験するが，宇田川・佐々木・四宮編［2005］による失敗分析のフレームワークによれば，同社の失敗の本質は経営環境の変化への認識はできていたものの，環境変化への対応に失敗したβパターンの過誤にその要因を見出すことができた（久保［2006］参照）。具体的には，日本国内の砂糖消費市場が幾度のなく勃興し始めるも，相次ぐ戦争のための非常特別消費税の導入によって消費は冷え込むという経営環境の変化が生じた。その一方で，当初の砂糖消費市場の拡大傾向に反応して相次いで創業された多くの精製糖会社の乱立により，明らかな供給過多の状況に追い込まれていたため，このままでは精糖各社は共倒れするという認識では多くの関係者の認識は一致していたのである。

日本精製糖内においても，こうした環境変化への認識レベルでは一致していたものの，そうした状況をいかに打開していくかという対応レベルにおいて大きく分れることとなった。鈴木藤三郎ら旧経営陣が企業合併等これ以上の拡張路線は自制すべきであるとの慎重論を主張したのに対し，磯村音介や秋山一裕ら大株主出身の新経営陣は合併による生産集約化と規模の経済の追求によって生産コストを削減し，共倒れを防止するためにも共同経営論を迅速に進めるべきと声高に主張したのである。その具体案は1906年に「5ヵ条の実行条件」という形で旧経営陣へと突きつけられることになるが，その主たるものは，①内地・台湾の既存製糖会社との大型合併，②精製糖用原料糖を確保するため台南に工場を新設の2点であった（久保［2006］108-110ページ）。

1906年7月10日に開催された臨時株主総会において，新旧経営陣の主張は真っ向から対立するに至るが，株式所有面でも過半を新経営陣が占めていたこともあり（久保［2006］，表3参照），共同経営論の推進は時期尚早であるとの理由から，鈴木藤三郎，益田孝，藤田四郎ら旧経営陣は取締役の辞任を申し出て会場を後にしたのである。磯村・秋山らが要求した急進主義の顛末が，日糖事件に象徴される一連の不正行為も誘発し，虚偽を虚偽によって覆い隠す以外に株式市場への説明責任を果たすことはできなくなってしまったのである（久保［2006］110-117ページ）。その結果が倒産寸前の失敗局面の到来であり，その後の大日本製糖を失敗から再生へと大転換させた担い手が，渋沢栄一によって白羽の矢を立てられた再生請負人藤山雷太その人に他ならなかった（久保［2007］参照）。

2-3. 近代製糖業の父─パイオニア台湾製糖の誕生─

以上の日本精製糖を舞台とした新経営陣との対峙をめぐっては，鈴木藤三郎の冷静かつ慎重な経営者としての側面を垣間見ることができたが，その手腕は近代製糖業のパイオニア企業台湾製糖の創立をめぐって遺憾なく発揮されることになる。日本の産業発展に心を砕いていた井上馨は，1900年3月に東京市内外の26工場を視察した。3月16日，高橋是清，益田孝らを従えて日本精製糖にも訪れたが，その際鈴木は井上に「日本糖業論」を贈呈し，日本製糖業についての日頃の抱負を語った。視察を終えた井上は鐘淵紡績の日比谷平左衛門，後藤毛織の後藤怒作とともに鈴木を「近代工業界の三傑の一人」と称賛したが，三者が関わっていた綿花，毛織物，砂糖は当時の三大輸入品に他ならず，貿易収支入超状況の主たる要因ともなっていたのである（鈴木［1956］153-154ページ）。

そこで，井上は甘蔗栽培が盛んな植民地台湾には大きな関心を示し，台湾に製糖会社を創立する決意を第4代台湾総督児玉源太郎に開陳するとともに，三井物産専務理事の益田に相談する。近代製糖業発展の可能性について「非常に有望」との鈴木の意見を益田から聞いた井上は，初代社長に考え

られるのは鈴木以外にはいないとして,ぜひとも承諾させるよう益田に強く要請する。しかし,鈴木は新会社の社長ともなれば「少なくとも二年や三年は,それにかかり切る覚悟にならなければな」らないにもかかわらず,日本精製糖が3倍半増資をしたばかりであることを理由に社長就任を固辞した。それに対し困ったのは益田の方であり,「どうしても引き受けて下さらなければ,私は国策に協力しないという非常なお叱りを井上伯から被らなければなりません」と事業界からの引退もほのめかしつつ懇願したのである(鈴木[1956] 155ページ)。この国策への協力という一言が,報徳思想を基礎とした鈴木の人生訓の機微に触れたことは間違いなく,台湾製糖の社長就任を承諾したのであった。

台湾製糖創立の青写真を作成するうえで重要となったのが,地場に数多く存在していた改良糖廍を基礎に近代製糖業を漸進的に発展させていく考え方と新式工場をもって一気に近代化を図ろうとする考え方のいずれを選択するかという点であり,台湾総督府内にあっても一本化されてはいなかったが,児玉台湾総督の考えは当初より後者の考えであり,総督府殖産課技手の山田熙に台湾南部糖業地の実地調査を命じたのであった(伊藤編[1939] 67-68ページ)。山田が作成した見込書により高雄州橋仔頭に台湾製糖の生産拠点(1903年稼働)を構えることとなり,1900年12月5日の発起人会においてすべての青写真が承認されたのを受け,12月10日に創立総会が開催された。

　もっとも困難であった株主募集に関しては,当初から関わり台湾製糖と一手販売契約を結んだ三井物産が7.5%を保有する筆頭株主に,内蔵頭(宮内省)と毛利元昭がそれぞれ5%ずつ皇室関係で21%を占めるという構成で初期制約条件を克服した(久保[1997] 47ページ)。これが純粋な民間会社とは異なる同社の「準国策会社」的性格のスタートであり,糖業連合会においてコーディネーター機能を発揮し続ける基礎がここに完成するのである(久保[1997],久保編[2009]参照)。パイオニア企業ゆえに様々な初期制約条件に直面した台湾製糖であったが,その裏返しが甘蔗栽培にもっとも有利な南部地域に広大な社有地と原料採取区域を獲得できたことであり,近代製糖

業の心臓部であった原料甘蔗の安定調達というこのうえない優位性を手に入れたのである。現実的に克服しなければならなかった初期制約条件として，最初の橋仔頭工場に製糖設備を備えなければならなかったが，国内の既存企業が購入した機械，新たに輸入した機械ともに鈴木の専門知識はいかんなく発揮されることとなり，近代製糖業に適する形で独自の改良が加えられていったのである。

鈴木は 1903 年 3 月の第 8 回衆議院選挙に井上から伊藤博文への紹介を受けて立候補，郷里静岡県から選出されるが，これは台湾への砂糖消費税を導入したのは新興産業への政治家の無理解以外の何物でもないと触発されてのことであった（鈴木［1956］208 ページ）。とはいえ，鈴木の本業は発明家であって，07 年だけで醬油醸造機，氷砂糖製造装置，他面流動蒸発装置，鈴木式乾燥機など 13 件の特許を取得し，6 月 10 日に日本醬油醸造を創立し社長となった（鈴木［1956］243-245 ページ）。05 年に台湾製糖社長を藤田四郎に譲ったこと，前述した日本精製糖の経営から撤退したこと，双方に共通した背景としてあったのは，「もはやだれにでも経営できるこの事業は希望者に任せて，自分は製塩法や醬油醸造法の改革に専心して，発明の才能を与え給うた天意に随順したいという使命感」であった（鈴木［1956］241 ページ）。台湾製糖，ひいては近代製糖業の黎明期にあって，もっとも困難な諸課題を克服することによって国策へと貢献した鈴木藤三郎であったが，彼の最大の国益への貢献は発明家としての才を発揮することにどうもあったようである。

3. 相馬半治と明治製糖

3-1. 製糖業との出会い

相馬半治は 1869 年 7 月 8 日尾張国（愛知県）丹羽郡犬山町に生まれるが，96 年 7 月東京工業学校（後の東京工業大学）応用化学科を最優等で卒業して助教授，応用化学科工場長となり，99 年 5 月文部省より製糖業・石

油業研究のため米独英へ3年間の留学を命ぜられる。途中製糖業視察のために出張を命ぜられたジャワを皮切りに，欧米3ヵ国における視察・研究が相馬にとっての製糖業との出会いとなった。製糖業への理解を深めるうえでドイツの甜菜糖工場視察は特に有益であったことを3年の欧米留学を回顧して次のように述べている。

「恥しながら砂糖製造に就ては，まだ一知半解のものであつたが，独逸の各所……に大体の事柄を会得し，続いて米国に於て甘蔗，甜菜糖業とも相当の上塗をなし，帰途布哇の本場に立寄つて仕上をなし」（相馬［1929］182ページ）た，と。

相馬半治（明治製糖）
出所：相馬［1939］。

なかでも相馬の人生を大きく変えることとなったのが，東京工業学校の先輩で当時日本郵船ロンドン支店長だった小川鉐吉からの次のアドバイスであったと，取締役として相馬を支えた久保田富三は次のように述べている。

「小川氏から今後，製糖業が日本でも必要なことを力説されたのです。これが相馬氏の生涯を決めたといえるでしょう」（久保田［1959］17ページ）と。

視察から帰国した相馬は1903年7月東京高等工業学校教授と再び応用化学科工場長となるが，大きな転機となるのが04年2月台湾総督府からの嘱託で黎明期にあった近代製糖業を視察したことであり，「業況甚だ振はない」台湾糖業の現状を目の当たりにするのである（相馬［1929］186-187ページ）。

こうした相馬の思いをいっそう強くさせたのは，1904年台湾総督府糖務局技師を兼務することになり，12月から3月の製糖期間に台湾の糖業改善に関与するに至って以降である。11月には台南糖務支局糖務課長に就任するが（相馬［1929］187-188ページ），その間視察して相馬が実感した内容

については，祝辰巳糖務局長に進言した以下の発言から明らかである。

「か〻る小規模の工場では経済上存立の見込がないのみならず，寧ろ後日，大工場の出現を妨害するものであるから，今後は一層大規模工場を奨励するの良策たる」（相馬［1929］188ページ）と。

なお，この相馬の進言が文字通り現実のものとなるのは，1910年に台湾総督府が新式製糖場の製造能力を撤廃する段階においてであり，08年の2,300噸から11年には1万7,600噸へと製造能力は大きく増大するに至るが（台湾総督府『台湾糖業統計』（大正5年刊行）8ページ），その後，05年6月には大島，沖縄，天草，四国等を視察する機会に恵まれた相馬は，これら日本国内において「大組織の製糖業興起の見込は少い」ことを実感する一方，当時苦心惨憺たるも結果を残せていなかった近代製糖業に対しては，「台湾の地勢風土が製糖業に好適なるは，最近二箇年間の調査研究によつて，十分な自信を得ることゝなつた」との認識を示し（相馬［1929］189-190ページ），明治製糖創立に向かっての自信のほどを伺わせている。

3-2. 明治製糖の誕生

このように内外製糖業の実地見聞を重ねた結果，相馬半治は近代製糖業を一生の自らの生業とすることを決意するが，そのことは以下の相馬の述懐からも明らかである。

「社会的には己れの事業を通して多少なりとも国家に貢献し，社会に奉仕したい，これが私の最後の目的であつた。この目的を達せんため，私は製糖業を選択した。蓋し，砂糖は人生の必需品であつて，将来大に発展の余地のある事業と信じたからである」（相馬［1929］412ページ）と。

近代製糖業が有望であることを確信した相馬は，台湾から帰国した1906年5月小川に対し日産750噸の工場建設を収支計算書を見せつつ再び進言した。それに同感した小川は同僚の浅田正文と祝台湾総督府財務局長兼糖務局長を訪ね，糖業振興策の今後について質問したところ，「多額の物質的補助を為す能はず。されども飽くまで行政的方法にてその奨励を持続するの意

あり」と回答されたので，明治製糖創立の許可を懇請する。しかし，祝局長は時期尚早と難色を示すが，後藤新平民政長官との数回に及ぶ電報交渉の結果，7月4日「大資本家が強ひて補助を依頼せず，堅忍持久の意気込を以て本業を経営する」ことを条件に台湾総督府も歓迎するに至った（相馬［1929］193-194ページ）。

1906年12月29日明治製糖の創立総会が開催され，創立委員長であった渋沢栄一を相談役，小川を取締役会長，相馬を専務取締役としてスタートしたが，相馬が技師長を兼ねていたことは，定款第3条の本店所在地を蕭壠堡に変更する第2議案に関連して次のように浅田が述べていることからも明らかである。

「未来ノ技師長トナルベキ相馬半治君ガ重ネテ実地ニ就キ篤ト測量吟味ヲ加ヘタ所デ」（明治製糖［1906b］）と。

なお，大株主としては1,300株の相馬が筆頭で，500株の渋沢，小川がこれに続いており（明治製糖［1906c］）。小川が東京本社，相馬が台湾事務所を見ることになったため，相馬は明治製糖創立に合わせて東京高等工業学校教授などの官職を辞している。

明治製糖が創立する際には，先発製糖会社である台湾製糖（1900年9月）と旧塩水港製糖（04年2月，07年3月新塩水港製糖）がすでに事業をスタートしていたが，「苦心惨憺，事業の進展に努めて居たが，何れも十分な成績を挙ぐることが出来なかつた」（相馬［1929］189ページ）という相馬の評価通り芳しい結果を残していなかった。そこに大きな変化をもたらしたのが，近代製糖業奨励策の本格化とも言える前述した製糖場取締規則（05年6月）の公布による原料採取区域制度のスタートであった。事実，明治製糖の創立以降も大日本製糖（同年12月），東洋製糖（07年1月），新高製糖（09年9月）等々後発製糖会社の創立が相次いだのである（台湾総督府『第十三台湾糖業統計』8ページ）。

3-3.「大明治」とベストパートナー有嶋健助

　このように明治製糖の創立を事実上支えた相馬半治であったが，彼が同社の社長に就任するのは創立から9年が経過した1915年7月のことであった。翌16年は相馬のみならず明治製糖にとってもその後の命運を担う岐路の年であった。後に「多角化元年」と称されるこの年，大正製菓（後の明治製菓）創立（16年12月）の出発点となった「製菓事業ニ関スル調査書」が相馬の手によって取締役会に開示されるとともに，スマトラ興業（後の昭和護謨）創立（18年9月）に向けた南方現地調査がスタートしたのである（相馬［1929］256-260ページ）。41年には製菓等2，乳畜産9，ゴム3，その他7の計21傍系会社が連なることになる（久保［1999b］202-203ページ），明治製糖グループ＝「大明治」の多角化方針の骨格が定まったという点で記念碑的な年となったわけだが，蓄積した収益資金の有効活用，新たなる砂糖需要を創出する関連産業の開拓とともに，自然環境に左右される近代製糖業特有の制約条件の克服という相馬独特の「平均保険の策」という考え方が多角化方針の根底には横たわっていた。相馬半治はこの多角化方針について次のように述べている。

　「一には資金の利用と砂糖販路の拡張を図り，二には年の豊凶により兎角業績不安の製糖事業に対してこれが平均保険の策を講ぜんがため」（相馬［1929］256ページ，傍点は引用者）と。

　こうした相馬独自の考えに裏打ちされた「大明治」の重層的多角化は，以下のような3本柱をもって展開されていくことになる。

　明治製糖：甘蔗糖→甜菜糖→内地精製糖
明治製菓：菓子→練乳→乳製品→食品→市乳→牧場経営
　スマトラ興業（昭和護謨）：ゴム園経営→ゴム製品

　なお，ここで忘れてはならないのは自社販売網を構築するに至ったという点である。財界動揺によりそれまでの販売網である増田商店が倒産するという制約条件の到来に対し，「大明治」の重層的展開には自社販売網は不可欠であるとの逆転の発想をもって対応したのである。それが1920年11月の明

治商店の創立に他ならず，多方面にわたる重層的多角化を「大明治」製品の販売網として根底から支えることになる（相馬［1929］293-294ページ）。

　積極的な多角化というライバル製糖会社とは異なる戦略を展開した明治製糖であったが，本業の製糖業においても大きな躍進を遂げていくことになる。その躍進は大きく2つの段階をもって現実のものとなっていった。一つが，相馬自身が「新明治製糖の設立」と呼んだ1927年金融恐慌による鈴木商店倒産にともなう東洋製糖が売りに出された際，同社を合併した大日本製糖から広大な原料採取区域と将来性のある耕地白糖設備を有した南靖・烏樹林の2工場を買収した段階である。四大製糖の分蜜糖生産高の推移を示した図3-4からも明らかなように，両工場を買収した翌28年から，東洋製糖を合併した大日本製糖とともに大きく生産高が増加している。いま一つの段階とは，明治製糖の制約条件の克服ないしビジネスチャンス化とかかわっている。質実剛健の社是がわざわいし，心臓部である原料甘蔗の調達面において多角化のような積極性は欠如しがちであったが，「現状維持ハ退歩ナリ」

図3-4　四大製糖の分蜜糖生産高の推移

出所：台湾総督府『第十七台湾統計統計』82-89ページ，『第二十台湾統計統計』84-86ページ，『第二十三台湾統計統計』86-91ページ，『第二十六台湾統計統計』84-89ページ，『第二十九台湾統計統計』1，84-89ページより作成。

をスローガンに積極的な増産計画を打ち出し（ダイヤモンド社［1938］109ページ），パイオニア台湾製糖を大日本製糖とともに急速にキャッチアップし，激烈な首位争いを演じるに至る。なお，この点に関しても，図3-4の38年以降の推移に確認することができよう。

以上の明治製糖の発展と「大明治」の重層的多角化が実現していくうえで，相馬半治と並んで忘れてはならない経営者がいる。1908年に明治製糖に入社し後々まで相馬を支えることになる有嶋健助である。相馬の参謀として，影武者として有嶋とのパートナーシップがいかに不可欠なものであったのを，両者の「大明治」関連会社における創立時を中心とした役職を示した表3-1と表3-2に確認しておくことにしよう。両表を一瞥して気づくのは，明治製糖，明治製菓，スマトラ興業（昭和護謨），明治商店，明治乳業といった「大明治」傘下の主要企業のトップマネジメントが，相馬と有嶋を軸に展開していったという事実である。しかも，明治商店が有嶋社長，相馬相談役であるのを除けば，先の中核企業の役職は相馬が会長ないし社長で，有嶋が副社長ないし専務取締役という組み合わせであった。一方，表3-2の有嶋健助の役職に付した印からもわかるように，有嶋が役職につく大部分は相馬も同時に役職についていることがわかる。そして，「大明治」の多角化が重層的な展開を本格化させる30年代中期以降，新たに創立される関連会社の社長ないし会長に有嶋が就任し，相馬が相談役に就任するパターンが増加する。

要するに，1920年代までの主要企業によって経営多角化の基盤を形成する段階では，「大明治」関連商品の販売を一手に扱うことになった明治商店を有嶋に任せ，マネジメント担当者とマーケティング担当者の明確な分業体制をとり[5]，重層的多角化が本格化する30年代中期以降の段階では，外地を中心とした傍系関連会社の経営を有嶋に任せるという新たな分業体制を確立する。そして，相馬が相談役として「大明治」の経営最前線から退く42年以降，明治製糖，明治製菓，明治乳業，明治商店といった中核企業の会長にも有嶋が就任するが，「大明治」の最高経営者としてポスト相馬の穴を埋

めることのできる経営者は，やはり有嶋をおいて他には存在しなかったのである。このこともまた，首尾一貫して相馬と有嶋の絶妙のパートナーシップなくしては，「大明治」の多角的事業展開もありえなかったことを如実に物語っている。以上を総括するとき，明治製糖の重層的多角化を可能にした主体的条件とは，相馬と有嶋の表裏一体となったパートナーシップであったと

表3-1 相馬半治の「大明治」関連会社における創立時を中心とした役職

	関連会社の動向	役 職
1906年12月	明治製糖株式会社の創立	専務取締役
1915年 7月	明治製糖	取締役社長
1916年12月	大正製菓株式会社の創立	取締役
1917年 3月	東京菓子株式会社が大正製菓と合併	取締役
1918年 9月	スマトラ興業株式会社の創立	取締役社長
1920年11月	株式会社明治商店の創立	相談役
1924年 4月	十勝開墾株式会社を明治製糖が買収	取締役
1924年 9月	東京菓子を明治製菓株式会社に改称	取締役会長
1926年11月	河西鉄道株式会社の創立	取締役社長
1927年 8月	新明治製糖株式会社の創立	取締役社長
1935年 7月	樺太製糖株式会社の創立	相談役
1935年12月	極東練乳株式会社の統制	相談役
1936年 2月	明治製糖	社長復帰
1937年 9月	昭和護謨株式会社の創立	取締役会長
1938年11月	満州明治牛乳株式会社の創立	相談役
1938年10月	株式会社山越鉄工場	相談役
1939年 5月	満州明治製菓株式会社の創立	取締役会長
1940年 2月	明華産業株式会社（上海明治産業）の創立	相談役
1940年12月	明治乳業株式会社	取締役会長
1941年 4月	東満殖産株式会社	取締役会長
1941年10月	明治製糖	取締役会長
1942年 4月	明治乳業	相談役
1942年 4月	満州明治産業株式会社	相談役（取締役会長辞任）
1942年 4月	明治製菓	相談役（取締役会長辞任）
1942年12月	明治製菓	相談役辞任
1943年 4月	明治製糖	相談役（取締役会長辞任）
1944年 4月	明治製菓	相談役

出所：相馬［1956］所収の「年譜」301-314ページより作成。

92　第3章　食品大企業の成立：製糖業

表 3-2　有島健助の「大明治」関連会社における創立時を中心とした役職

	関連会社の動向	役　職
1912 年 8 月	明治製糖株式会社	取締役
1915 年 7 月	明治製糖	専務取締役*
1916 年 12 月	大正製菓株式会社の創立	取締役*
1917 年 3 月	東京菓子株式会社が大正製菓と合併	取締役*
1917 年 4 月	房総練乳株式会社	専務取締役
1918 年 9 月	スマトラ興業株式会社の創立	専務取締役*
1920 年 11 月	株式会社明治商店の創立	取締役社長*
1922 年 12 月	東京菓子株式会社	取締役社長
1923 年 12 月	東京菓子	専務取締役
1935 年 7 月	樺太製糖株式会社の創立	取締役*
1935 年 10 月	満州製糖株式会社	取締役*
1935 年 12 月	極東練乳株式会社の統制	取締役社長*
1936 年 2 月	明治製糖	副社長*
1936 年 10 月	明治製菓株式会社	取締役社長
1937 年 9 月	昭和護謨株式会社の創立	取締役副社長*
1938 年 11 月	満州明治牛乳株式会社の創立	取締役会長*
1939 年 4 月	樺太製糖	監査役
1939 年 5 月	満州明治製菓株式会社の創立	取締役社長
1940 年 3 月	満州明治乳業株式会社の創立	取締役会長
1940 年 12 月	明治乳業株式会社に改称	取締役社長
1941 年 4 月	東京合同市乳株式会社	取締役社長
1941 年 4 月	東満殖産株式会社	取締役社長*
1941 年 10 月	明治製糖	取締役社長*
1942 年 4 月	明治乳業	取締役会長*
1942 年 4 月	明治商店	取締役会長*
1942 年 4 月	明治製菓	取締役会長*
1942 年 8 月	満州明治牛乳株式会社	取締役会長
1943 年 4 月	明治製糖	取締役会長*
1943 年 4 月	華北明治産業株式会社の創立	取締役会長
1943 年 10 月	満州明治産業株式会社	取締役会長
1944 年 4 月	昭和護謨	取締役
1945 年 4 月	明治商事	取締役
1945 年 10 月	明治製糖	直談役
1945 年 10 月	満州明治産業	監査役

注：*は相馬半治と同時に役職の変動があったもの。
出所：故有嶋健助翁追悼記念出版委員会編［1959］所収の「年譜」229-243 ページより作成。

結論づけられよう。

4. 近代製糖業の発展―むすびに代えて―

　文字通り最後に，近代製糖業が発展し日本国内の砂糖消費市場が拡大していった1930年代を念頭に，第3節で言及した明治製糖を除くメインプレイヤー3社の戦略を整理することで，近代製糖業を対象とした本章を終えることにしよう。

　台湾製糖はパイオニア企業ゆえのリソース面での優位性を最大限生かすことで，本業重視の戦略を貫いていく。質的増産の柱となるジャワ大茎種や携帯屈折計をいち早く導入するなど，農事方面の研究開発に積極的に取り組みつつ，耕地白糖のパイオニア塩水港製糖にも真っ先に追随していくことで（図3-5参照），持続的競争優位を長期にわたり獲得する（図3-4参照）。その一方で，産糖処分協定をめぐる相次ぐ糖業連合会内の対立状況にあって，大日本製糖や明治製糖といった主要メンバーが脱会を辞さない状況を打開したのも台湾製糖出身の糖業連合会会長であり，糖業連合会の利害調整機能の中核を担ったのが同社のコーディネーター機能に他ならなかった[6]。なお，大日本製糖は商務部を創立以来有し，明治製糖と塩水港製糖は販売網の喪失に対し明治商店と塩糖製品販売を設立するなど，3社は自社販売網を構築していったのに対し，台湾製糖は三井物産との一手販売契約を最後まで貫くことで安定した販売網を維持し続けることができた点も，こうしたコーディネーター機能を発揮する前提条件となっていた。以上，台湾製糖の長期にわたる競争優位をさせた原料調達面や販売面の優位性について，鈴木藤三郎が初代社長として関わった「準国策会社」誕生プロセスにその出発点を見出すことができよう。

　次に，鈴木が日本精製糖として設立し，内地精製糖からスタートした大日本製糖にとって，日糖事件による失敗局面は再生請負人藤山雷太の手により台湾分蜜糖を軸とした再生・飛躍へと向かわせる契機ともなった。この精製

糖から分蜜糖へと戦略を転換させるうえで大きな契機となったのが1927年の東洋製糖との合併であり、同じ精白糖である精製糖から耕地白糖へと戦略の重点を移行していく礎を築くことで、近代製糖業におけるポジションは大きく向上していく。明治製糖以上に後発であった大日本製糖にとって、原料採取区域や分蜜糖製造能力といったリソース面の劣位性を克服していく途は、その劣位性を逆手にとったM&A戦略を積極的に推進していく以外にはなかった。こうしたM&Aによってリソースの拡充を図ろうとする戦略が同社をして一番手企業へと飛躍させるに至ったわけだが、失敗の教訓を生かした堅実経営と米糖相剋への柔軟な対応も忘れてはならない。失敗の教訓から学んだ堅実性を備えつつも積極的にM&A戦略を推進していったことこそが同社最大の強みであり、東洋製糖合併時に健全な経営基盤を重視する観点から明治製糖に2工場を売却した冷静かつ現実的な意思決定にここでは注目したい。

そして、塩水港製糖の戦略はパイオニアであった耕地白糖を抜きにしては語れまい。精粗兼業を早い段階から展開していった他の3社とは対照的に、精白糖の軸を耕地白糖に見出した点が塩水港製糖最大の特徴であった。しかし、その戦略が功を奏するには二つの障害を乗り越える必要があった。一つが、耕地白糖によって同社が優位性を獲得せんとした前夜、複数の大型合併・買収[7]と鈴木商店の破綻が重なり失敗局面を迎えたことである。いま一つが、耕地白糖が内地において需要を大きく伸ばすに至るのは1930年代に入ってからであり（図3-5参照）、32年の消費税減税とスケールメリットによって価格が低下し、精製糖へといっそう近づく品質の向上が図られる30年代において、ようやく塩水港製糖の耕地白糖重視の戦略は奏功するに至るのである。すなわち、これは需要面の変化を受けてライバル各社も耕地白糖重視の戦略を打ち出した時期と重なるだけに、その競争優位性は20年代半ばまでのように持続的なものではなかった（図3-5参照）。とはいえ、失敗から学んだ堅実性を忘れることなく、コアコンピタンスである耕地白糖をフル活用し、生産拠点の全島分散、米糖相剋、特殊地理条件といった数々の制

図3-5 四大製糖の耕地白糖生産の推移

(千斤)

― 台湾製糖　― 大日本製糖　― 明治製糖　― 塩水港製糖

注：出所の1927年までは耕地白糖の記載はなされていないため，1925-26年は第五種直消糖，27-31年は和蘭標本色相22号以上の直消糖，32-34年は和蘭標本色相22号以上の双目糖，車糖35-37年は第三種白双，白車をそれぞれ耕地白糖の製造高とした。
出所：台湾総督府『第十四台湾統計統計』78-79ページ，『第十五台湾統計統計』80-81ページ，『第十六台湾統計統計』82-85ページ，『第二十台湾統計統計』84-86ページ，『第二十三台湾統計統計』86-91ページ，『第二十六台湾統計統計』84-89ページ，『第二十九台湾統計統計』84-89ページより作成。

約条件を克服していくことで，文字通りの再生から飛躍への道を槇哲とともに歩むのであった。

以上，図3-1で確認した日本砂糖消費市場の拡大傾向は，近代製糖業のメインプレイヤー4社による激烈な企業間競争の結果であり，その模倣・改善行動の応酬の焦点となったのは，図3-5に示された耕地白糖に他ならなかった。耕地白糖のパイオニア企業である塩水港製糖でさえ，その優位性を持続できないほど1930年代における4社間の競争は熾烈を極めていた。糖業連合会を舞台に協調を目指しつつも，その根底では常に激しい競争を展開していた近代製糖業であったからこそ，当該業のダイナミックな発展は成し遂げられたのである。すなわち，「競争を基調とした協調の模索」を特徴とした近代製糖業界にあって，ライバル各社の競争行動の応酬なくして30年代を中心とした発展が現実のものとはならなかったであろう。そして，こうした

四大製糖各社の競争力の礎を築いたのが，本章で論じた鈴木藤三郎や相馬半治をはじめとする近代製糖業を代表する企業者たちであったことを最後に確認しておきたい。

注
1) 糖業連合会とは近代製糖業界のカルテル組織であり，各社が製造した分蜜糖を原料糖や直接消費糖ごとにメンバーの処分割り当てを決める産糖処分協定，その前提となる精製糖会社との原料糖売買契約，台湾から日本国内への分蜜糖の輸送に関する台湾産糖輸送契約などを主たる任務としており，前二者をめぐっては利害調整機能，後者をめぐっては経営資源補完機能を発揮したが，競争抑制機能については1933・34年の生産調節に限定されていた。
2) 製糖場取締規則第3条には，次のように定められていた。「台湾総督ハ製糖場ノ設立又ハ変更ノ許可ヲ与ヘタル場合ニハ其原料採取区域ヲ限定スヘシ　原料採取区域内ニ於テハ台湾総督ノ許可ヲ受ケスシテ在来ノ構造ニ依ル糖廍ヲ設立スルコトヲ得ス　原料採取区域内ノ甘蔗ハ知事又ハ庁長ノ許可ヲ受ケスシテ之ヲ区域外ニ搬出シ若ハ砂糖以外ノ製造用原料ニ供スルコトヲ得ス」（台湾総督府［1927］83-84ページ）と。
3) 甘蔗作付面積の南部（台南州，高雄州）と中部以北（台北州，新竹州，台中州）の割合は，64.1％，31.4％（1928-31年平均），66.2％，28.0％（32-25年平均），63.7％，30.2％（36-39年平均）という具合に（台湾総督府『第二十二台湾糖業統計』2-3ページ，『第二十九台湾糖業統計』4-5ページより算出），南部地域が6割強の割合を占めていたのに対し，米作付面積の南部と中部以北の割合は，34.1％，62.7％（28-31年平均），35.6％，61.0％（32-25年平均），33.7％，62.0％（36-39年平均）という具合に（台湾総督府殖産局『台湾米穀要覧』昭和4年版20-33ページ，昭和10年版6-7ページ，昭和12年版6-7ページ，昭和13年版7ページ，昭和14年版7-8ページ，昭和15年版8ページ，昭和16年版8ページ，台湾農友会『台湾農業年報』昭和6年版米-43ページ，台湾総督府殖産局『台湾農業年報』昭和7年版米-25ページより算出），中部以北が6割強を占めていた。
4) 蓬莱米収穫量の州別割合の推移では，特に高雄州の割合が，1.4％（29年），4.9％（32年），7.9％（36年），9.9％（39年）という具合に（台湾総督府『第十四台湾糖業統計』230ページ，『第十九台湾糖業統計』231ページ，『第二十二台湾糖業統計』235ページ，『第二十六台湾糖業統計』237ページ，『第二十九台湾糖業統計』237ページより算出），顕著な増加傾向を示している。
5) マネジメントとマーケティングを担当するトップマネジメントの分業とパートナーシップについては，ホンダの本田宗一郎と藤沢武夫，ソニーの井深大と盛田昭夫といった戦後型の革新的経営者がまずは想起されるが，本章の対象である戦前の明治製糖においても同様の事例が見出されたことは興味深い。
6) 1927年産糖処分協定の執行をめぐる糖業連合会脱会をも辞さない大日本製糖と明治製糖の深刻な対立状況にあって，武智直道会長が辞意を表明するに至る。一連の産糖処分協定をめぐる交渉プロセスを紐解く限り，台湾製糖が自社の個別利害に固執する局面は見当たらず，糖業連合会における最大議決権を有しつつも，その権限を盾に自己利害を主張することはなかった。近代製糖業界のパイオニア企業にふさわしく業界全体の利益をまずは追求する姿勢を示していた武智会長であっただけに，同会長の辞意表明は伝家の宝刀を抜いたのと同じだけの重みを持っていたことは想像に難くない。事実，この辞意表明が功を奏し，事態は収拾されることになる。
7) 金融恐慌前夜，塩水港製糖は林本源製糖，恒春製糖，東京精糖3社との大型合併を発表した。林本源買収は将来性ある資源を有する妥当な意思決定だったが，問題は耕地白糖というリソー

スを有していたにもかかわらず，精製糖への進出を図った東京精糖合併である。

参考文献
伊藤重郎編『台湾製糖株式会社史』台湾製糖株式会社, 1939 年。
上野雄次郎編『明治製糖株式会社三十年史』明治製糖株式会社, 1936 年。
宇田川勝・佐々木聡・四宮正親編『失敗と再生の経営史』有斐閣, 2005 年。
塩水港製糖株式会社「営業報告書」各期版。
塩水港製糖株式会社編『二十年史』1923 年。
塩水港製糖株式会社『社業概況　昭和十年十月』1935 年。
塩水港製糖株式会社『社業概況　昭和十四年八月』1939 年。
塩水港製糖株式会社「営業報告書」各期版。
小川清編『スマトラ興業株式会社二十年史』1937 年。
久保文克「明治製糖株式会社の多角的経営方針―相馬半治のリーダーシップと『後発企業効果』―」『商学論纂』第 37 巻第 3・4 号, 1996 年。
久保文克『植民地企業経営史論』日本経済評論社, 1997 年。
久保文克「『大明治』と傍系事業会社（Ⅰ）（Ⅱ）（Ⅲ）―後発製糖会社の多角的事業展開―」中央大学商学研究会『商学論纂』第 39 巻第 3・4 号, 1998 年, 1999 年 a・b。
久保文克「大日本製糖失敗の本質―『失敗と再生の経営史』の視点から―」中央大学企業研究所『企業研究』第 9 号, 2006 年。
久保文克「大日本製糖の再生と飛躍―再生請負人藤山雷太の創造的適応―」中央大学商学研究会『商学論纂』第 48 巻第 1・2 号, 2007 年。
久保文克編, 社団法人糖業協会監修『近代製糖業の発展と糖業連合会―競争を基調とした協調の模索―』日本経済評論社, 2009 年。
久保田富三「明治製糖の創業時代」樋口弘編『糖業事典』所収「思い出の糖業」内外経済社, 1959 年。
経営史学会編『日本経営史の基礎知識』有斐閣, 2005 年。
故有嶋健助翁追悼記念出版委員会編『使命の感激』1959 年。
河野信治『日本糖業発達史［人物編］』丸善, 1931 年。
神戸大学附属図書館デジタルアーカイブ「戦前期新聞経済記事文庫」(http://www.lib.kobe-u.ac.jp/sinbun/)。
後藤源司治編『株式会社明治商店十五年史』1936 年。
材木信治『日本糖業秘史』1939 年。
塩谷誠編『日糖六十五年史』大日本製糖株式会社, 1960 年。
社団法人糖業協会編『近代日本糖業史』上巻・下巻, 勁草書房, 1962・97 年。
昭和護謨株式会社編『稿本　我が社 25 年の歩み』1962 年。
鈴木五郎『鈴木藤三郎伝―日本近代産業の先駆―』東洋経済新報社, 1956 年。
相馬半治『還暦小記』1929 年。
相馬半治「明治製菓株式会社の成立と大明治の事業精神」1938 年。
相馬半治『向上日記』1939 年 a。
相馬半治『還暦小記』1939 年 b。
相馬半治『喜寿小記』1956 年。
大日本製糖株式会社「営業報告書」各期版。
大日本製糖株式会社「藤山社長ノ演説　第六十四回株主総会ニ於テ」1927 年。
大日本製糖株式会社「藤山社長ノ演説　第七十八回定時株主総会席上」1934 年。
ダイヤモンド社編「問題会社の検討：糖業」『ダイヤモンド』臨時増刊, 第 26 巻第 21 号, 1938 年。

台湾製糖株式会社「営業報告書」各期版。
台湾総督府殖産局『台湾米穀要覧』各年版。
台湾総督府殖産局特産（糖務）課『台湾糖業統計』各年版。
台湾総督府殖産局特産課『糖務関係例規集』1927年。
台湾糖業研究会「蔗作奨励号」『糖業』臨時増刊，1928-1941年（169号，181号，193号，207号，221号，233号，246号，259号，272号，284号，298号，311号，325号，338号）。
地副進一・村松達雄『日本近代製糖業の父 鈴木藤三郎』2010年。
東京菓子株式会社「東京菓子創立書類」1916（大正5）年10月9日。
西原雄次郎編『日糖最近十年史』1919年。
西原雄次郎編『日糖最近廿五年史』千倉書房，1934年。
野依秀市『明糖事件の真相』実業之世界社，1933年。
松本辰雄編『明治製菓株式会社二十年史』1936年。
明治製菓株式会社編『明治製菓四十年小史』1958年。
明治製菓株式会社編『草創期の私たち』1975年。
明治製糖株式会社「明治製糖株式会社創立事項報告書」1906年a。
明治製糖株式会社「明治製糖株式会社創立総会議事速記録 明治三十九年十二月二十九日」1906年b。
明治製糖株式会社「明治三十九年十二月二十九日 明治製糖株式会社創立総会議事録」1906年c。
明治製糖株式会社編『十五年史』1921年。
明治製糖株式会社「営業報告書」各期版。
明治商事株式会社編『三十五年史』1957年。
守屋源二『山田熙君談話』1929年。

（久保文克）

第3部

第4章
新たな食文化の形成
―藤田田（日本マクドナルド）と安藤百福（日清食品）―

はじめに―高度経済成長期の日本社会―

　藤田田はハンバーガーを，安藤百福はカップヌードルを，同じく1971年（前者は7月，後者は11月）にそれも東京銀座という同じ場所で発売した（カップヌードルは同年9月に全国発売された）。この商品の登場によって，日本人の食世界は大きな衝撃を受けた。

　ハンバーガーとカップヌードルは伝統的な「食の前提」を破壊し，新たな「食の前提」を創造した。これはあたかも日本が高度経済成長の成果を十分に享受しつつあった時期であり，高度経済成長そのものが日本人の伝統的な「生活の前提」[1]を破壊し，新たな「生活の前提」を創造するものでもあった。また家電製品の普及やモータリゼーションの進展などにより，生活の簡便化および欧米化志向というライフスタイルの共有が一層明確になった時期でもあった。ここではまず，このような社会の変容に素早く，かつ最適に対応し，大きな成功を収めた藤田と安藤の活躍の時代背景ともいえる高度経済成長期の日本社会について概観しておこう。

　1955年から1973年まで18年間続いた日本の高度経済成長は，奇跡的な驚異として，世界から注目された。敗戦後の惨憺たる状況から朝鮮動乱による特需景気を経て，高度経済成長を経験することで，日本は歴史上類を見ないほどの経済成長を実現した。

　高度経済成長を可能にした要因については，防衛関係費の僅少さ（米軍に

よる軍事費の肩代わり），若年労働者の豊富な供給（安価で優秀な労働力），アメリカからの技術移転（生産設備などのハード面だけでなく品質管理技術などのソフトテクノロジーを含む），資源エネルギー価格の低下[2]，政府の役割[3] などが考えられる。

GNP は実質で5倍に急伸し，国民所得も急増した。ただ所得については，量的な増大とともに平等化が進行した点が注目される。つまり戦前日本社会ではジニ係数（格差指数）が大きく，所得の格差が広がる傾向があったのに対し，高度経済成長期にはこのジニ係数が，大幅に小さくなり，所得分配の平等化が劇的に達成された[4]。これによって強力な購買力を持つ中間層が大量に輩出され，彼らは自らのライフスタイルや価値観を商品購入という形で表明し始め，陸続と発売される新商品を競って買い求め，結果として大衆消費社会が到来することとなった。

この時期のインフラ整備の実態を概観すると，まず水道の普及率は1950年25％から1975年には90％近くになった[5]。ガスについては都市ガス需要家は，1955年から1973年までに5倍以上に急増し，ガスが高度経済成長期に家庭内エネルギーとして定着するにいたった[6]。電力については，原子力発電がこの高度経済成長期に始まった。つまり1966年日本原子力発電（株）の東海発電所で我が国最初に開始され，つづいて1970年関西電力美浜原発，1971年東京電力福島原発が運転を開始した[7]。これは高度経済成長期に電力需要が急増したことに対応した措置であったが，その電力需要急増の第1の要因は，産業用の大口電力需要が増大したことであり，第2の要因は家電製品が普及したことであった[8]。その家庭電化製品については，白黒テレビ，電気洗濯機，電気冷蔵庫，電気掃除機，カラーテレビの順で普及していき，それぞれ1975年には80％超から90％超の普及率を達成した[9]。交通については，1964年に新幹線が開業し，高速道路（名神：一宮—西宮間）が開通し，モータリゼーションを一層進展させた。住宅に関しては，1973年には全国都道府県ベースで住宅数が世帯数を上回り，住宅の絶対的不足はほぼ解消された[10]。このような欧米社会に勝るとも劣らぬインフラの充実は，

生活者の多くが希求したものであり，新たなライフスタイルを確立する基盤となるものであった。

ただこのように高度経済成長期に，交通，通信，住居，水光熱，公共施設，生活必需品が急激に充足し，また国民の所得が大きな格差もなく平等に増大したため，国民全体の価値観もかなり共有される傾向にあり，大衆消費社会の到来とともにライフスタイルが均一化する方向に進んだ。

また高度経済成長期に生活必需品とともに生活を取り巻くインフラ面でも充足した日本人の関心は，「物の豊かさ」から「心に豊かさ」へ移動し始め（図4-1参照），それ以降この傾向は一層顕著になるばかりであった。このような日本人の関心の変化は，ライフスタイルの変容を随伴し，生活の簡便化，欧米化志向が一層共有されるようになった。

野口悠紀雄は「日本人の生活水準はこのとき【高度経済成長期—筆者注】に飛躍的に向上し，それ以降あまり変わっていない。つまり，現在の日本人の原点は，この頃にあると言える。」[11]と指摘している。つまり現在の日本社会の原型が高度経済成長を経験した1970年代から始まったといえよう。

このような高度経済成長期の社会変容を実感させたものが新しい商品の

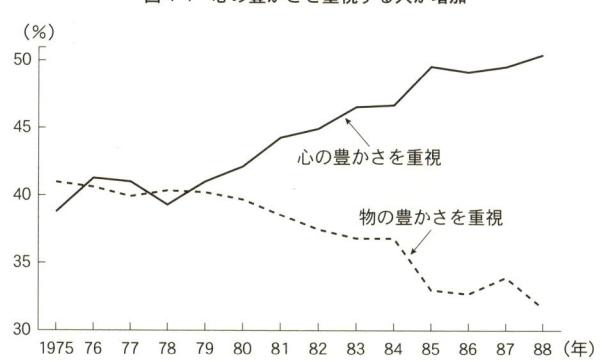

図4-1 心の豊かさを重視する人が増加

備考：総理府「国民生活に関する世論調査」による。
原典：『国民生活白書 昭和63年度』65ページ。
出典：佐古井［2003］103ページ。
出所：石川［2011］同文舘，6ページより転載。

登場であり，具体的には3種の神器や3Cなどの商品であり，食品ではハンバーガーやカップヌードルであった。この2つの商品は手づかみ食い，たち歩き食い，立ち食い，調理不要，箸・椀不使用などを日常化することによって伝統的な「食の前提」を破壊し，新しい「食の前提」を創造することとなった。缶コーヒーやペットボトル茶によるラッパ飲みの日常化とともに社会生活の多くの局面で見られた高度経済成長による破壊と創造の顕著な事例である。

1. 藤田田の企業家活動

　藤田田は，1971年にハンバーガーを発売することで，箸と椀で座って食事をするという伝統的な「食の前提」を破壊し，手づかみで歩きながら食べるという新しい「食の前提」を提示した。若い生活者たちはこの新しい「食の前提」を歓迎し，その結果マクドナルドの成功があったといえる。この成功は「はじめに」で見た高度経済成長期の生活の簡便化や西欧化志向という生活者の希求に適合した結果であったともいえる。

　藤田田[12]は1926年，大阪市に生まれた。父は，外資系企業に勤める外国語に堪能な技師であり，多くの外国人が頻繁に家庭を訪れた。母はキリスト教徒で，話す事と食べる事を神から守ってもらう，という願いを込めて，「田」と命名した[13]。
藤田は成績優秀な生徒であったが，結果的に1年間の留年の後，北野中学に入学した。戦時中の疎開を経て，島根の松江高等学校（旧制）を卒業したが，空襲で父を失い，戦後1948年，東京大学法学部[14]に入学した。その語学力を武器にGHQの通訳のアルバイトを経験した際，ユダヤ人米兵の自由な生き方に感銘を受け，そのコネクションを生かし，ユダヤ商法のノウハウを学んで東大在学中の1950年に米軍家族向け輸入雑貨販売の「藤田商店」を創業した。その後，藤田は，「クリスチャン・ディオール」など海外の高級ブランド品を日本人好みにアレンジして百貨店へ販売することに成功し，

「銀座のユダヤ人」とよばれるまでになっていた。

　そのような藤田のもとに，ある日藤田商店のシカゴ支店長からレイ・クロック【Raymond Albert Kroc（1902-1984）】（マクドナルドを，アメリカを象徴するフードビジネスそして世界的事業へと成長させた起業家）が会いたがっている，という連絡を受けた。藤田は直ちにシカゴに赴き，クロックと会い即座に意気投合した。この時クロックから，ダイエーの中内㓛[15]など多くの関係者が日本でのマクドナルド経営を希望して訪ねてきたが，「マクドナルドを任せようと思った日本人は藤田が初めてだ，お前がやれ」といわれたという。

　このようにして日本マクドナルドが創業されることになったが，この時の契約内容は，すべて藤田に有利なもので関係者を驚かせた。出資比率は50：50，利益は全額日本マクドナルドに再投資する，アメリカ本社からアドバイスは受けるが，命令は受けず，すべて日本側のやりかたでやる，30年間契約で，その延長の決定権は藤田にある，ロイヤリティは当初提案の5%ではなく，1%という破格ともいえる条件で契約を取り交わすことになった。クロックは「必ず成功させること」だけを条件に，日本マクドナルドの経営を承認したという。

　1号店の場所として，藤田は日本の情報，流行の最先端基地である東京銀座，しかもその中心でなくてはならないと主張し，銀座4丁目にある三越百貨店銀座店に出店することを決め，米国側の郊外型の店舗設置というアドバイスを退けた。その時以前から雑貨の取引で親交のあった三越銀座店店長の岡田茂（後の社長）と交渉し，待望の1号店設置に成功した。ただし三越からの条件は，日曜日の閉店午後6時から，翌々日の火曜日（月曜は休業日）の開店までの間に店舗設置工事を完成させよという厳しいものであったが，藤田は前もって同じ大きさの模型店を作成し，組み立てと分解の練習を繰り返し，当日には70人のスタッフが39時間以内に完成させ，関係者を驚かせた。

　このような経過を経て，日本のマクドナルド第1号店は1971年7月20日

マクドナルドの日本第 1 号店（1971　銀座）
出所：天野［2012］407 ページより転載。

に，銀座 4 丁目の三越百貨店の一角に 22 坪の店舗としてオープンした。名前は「マクドナルド」とした。アメリカでは「マクダーナルズ」が一般的であったが，これでは日本人には発音しにくいため，看板にした時の字面とバランスの面から，名称・表記・発音を総合的に考慮し，押し切るように決定した。後日藤田はこの名前「マクドナルド」でなければ，成功はなかったと述べている。

　藤田の狙い通り，ハンバーガーは大変な評判になった。銀座店には座席を設置しなかったため，客の大半を占めた若者たちはハンバーガーを手づかみで歩きながら食べた。伝統的な「食の前提」に立つ大人たちからは顰蹙を買ったが，若者たちは新しい「食の前提」を歓迎し，逆に「かっこいい」と憧れた。当時ハンバーガーの価格は 80 円であり，大卒初任給 4 万 3000 円と比べれば，高額ではあったが，飛ぶように売れ，4 日後の 7 月 24 日には代々木に第 2 号店をオープンし，12 月までに都内 5 店舗を出店した。1972 年 10 月には銀座店での日商は 222 万円にのぼり，売上高で世界新記録を達成した。この後，マクドナルドの快進撃は続き，同年に京都の藤井大丸に出店したのを皮切りに，以後各地での出店が相次いだ。このような破竹の勢いの大

成功により，マクドナルドは瞬く間に西洋化，文明化，都会化のシンボルとなり，地方から出店を強く待たれるようになった。

その後もマクドナルドの快進撃は続き，売上高は1975年に100億円，78年には200億円を突破した。1977年以降アメリカと同じように，モータリゼーションの進展を見越して郊外型のドライブスルー店舗を杉並区の高井戸に開設した。これも狙いどおり連日長蛇の列ができた。1990年には，山形県に初出店し全県制覇を達成するとともに，新業態としてスーパー内の小型店舗展開を開始した。その結果，店舗数は1993年に1000店舗，1999年に3000店舗を達成するに至った。

藤田田の経営哲学書
出所：天野［2012］408ページより転載。

藤田田は，自らの経営哲学やビジネスに関する考え方[16]を公開し，ベストセラーとなった『ユダヤの商法―世界経済を動かす―』（ベストセラーズ，1985年）や『勝てば官軍―成功の法則―』（ベストセラーズ，1996年）など多くの著作や語録を残した。藤田は，人生の要諦は金であり，生ある限り金儲けに全力を傾注すべきであると主張し，性悪説の信奉者として組織の構築に際しても，マニュアル化を徹底，不正やサボタージュができない仕組みを作り上げた。

日本マクドナルドは2001年に株式の公開，ジャスダック上場を果たすなど順調に業績を伸ばした。また円安という環境の中で2001年以降平日半額キャンペーンなどを行い，平成不況にあえぐ経済界から価格破壊者，デフレの火付け役，価格競争の勝ち組として羨望と批判を集めた。しかし，その後価格戦略で迷走し，低価格によるブランドイメージの低下や健康ブームなどで顧客離れがおこり，創業以来の赤字に転落した。2002年7月，日本マクドナルドの不振や自らの体調不良などにより社長を辞任し，翌年3月，会長

兼 CEO に就任したが，2003 年 3 月 28 日の株式総会後，会長を退任した。日本マクドナルドの経営から退いた後は，公の場に出る事は少なくなり，2004 年 4 月 21 日，心不全のため東京都内の病院で死去し，78 年間の生涯を閉じた。その後，日本マクドナルドは持株会社化され，米国マクドナルドの直轄体制となり藤田商店との関係は清算された。

　藤田が導入に成功したハンバーガーは，日本人の食に関する伝統的作法や様式を破壊し，新たな標準を提供した。古来日本人は，米穀を主食として生活し，魚，野菜を中心とした独自の料理方法や，箸を使ってゆっくりと食事を楽しみ，食器や景色を愛でるといった伝統を有していた。ハンバーガーは，瞬く間に日本社会に溶け込み，日本人の食スタイルを破壊した。手づかみで，しかも歩きながらハンバーガーをほおばる姿は，日本人が長年育んできた食文化から見れば，一種の禁忌行動ともいえる。しかし，他方世界商品でもあるハンバーガーは，世界に共通する「食の前提」を提示することによって，国家や文化の垣根を超えた新しい「食の前提」を創造したともいえる。いまや日本人は年間 1 人当たり 10 個以上のハンバーガーを食べながら生活しており，強力な日常食になっている。新たな「食の前提」が定着した証左であろう。

2. 安藤百福の企業家活動

　安藤百福は，1958 年にチキンラーメンの発売によって調理不要という形でそれまでの「食の前提」を覆し，1971 年にカップヌードルの発売によって箸（フォーク使用）と食器（椀）不要という形で伝統的な「食の前提」を破壊した。多くの生活者は，この湯を注ぐだけで，ラーメンを食べることができるという新しい「食の前提」を歓迎した。このように伝統的な「食の前提」を破壊し，新たな「食の前提」を提示した点に安藤の成功の鍵があったが，これはまた藤田の場合と同様，高度経済成長期の生活者のライフスタイルに適合的に活動した結果であったともいえる。

安藤百福[17]は，1910年，台湾で生まれた。22歳の時メリヤスに興味を持ち，独立を決意し，父の遺産を元手に，台北市に「東洋莫大小(メリヤス)」という会社を設立し，日本内地の製品を販売する仕事を始めた。この事業は最初から大当たりし，自信を得た安藤は，1933年に大阪唐物町二丁目に「日東商会」を設立して，問屋業務を始めた。安藤の取り扱う商品の評判は良かった。同じころ，立命館大学専門学部経済科（夜間）に入学した。

その後事業は比較的順調に推移したが，太平洋戦争が始まり，繊維が配給品となったため事業を継続することができなくなり，苦難の道程を歩むことになった。

まず知人と川西航空機の軍用機用発動機の部品などを製造する会社を共同経営したが，そこで軍需資材横流し事件に巻き込まれ，凄まじい拷問を受け，無実の罪で45日間拘留されることになった。真相は，憲兵と横流しした者とが裏でつながっていたのである。

玉音放送を聴いた翌日，疎開先の兵庫県上郡から大阪に帰ったが，それまで手がけた商会も工場もすべて焼失していた。1946年の冬，泉大津市で製塩と漁業を開始した。また名古屋に中華交通技術専門学院を設立し，若者に技術を身につけさせようとした。しかし結局これらの事業はすべて閉鎖されることとなった。1948年には，泉大津市に「中交総社」を設立し，翌年に「サンシー殖産」と商号を変え，大阪市北区曽根崎に移転した。このサンシー殖産が1958年「日清食品」として再生することになる。

安藤の不運は続き，大阪の信用組合の理事長を引き受けたところ，結局取り付け騒ぎを起こし，信用組合は破綻してしまった。

信用組合の破綻によって，無一文になった安藤の頭をよぎった光景は，戦後大阪に出てきた時に見た飢えた人たちが闇市で，「1杯の中華そば」をすする姿であった。安藤は原点に戻って，中華そばという食品を提供することで世のためになろう，と考えた。

安藤は，たった1人で即席めんの研究を始めた。湯をかければすぐ食べられる，調理不要のラーメンの開発である。味のしみこんだ「着味めん」を乾

発売当初のチキンラーメン
提供：日清食品ホールディングス。

燥させ，熱湯で素早く戻るようにするには，結局油熱による乾燥法が最適であることがわかった。仁子夫人がてんぷらを揚げているのが，ヒントになったという。

その他いくつかの試行錯誤の結果，1958年に即席めんは完成した。百貨店での試食販売は大好評であったが，食品問屋の反応は冷たく，35円という値段（うどん玉が6円。乾めんでも25円）にクレームをつけた。しかし，しばらくすると他の問屋から矢継ぎ早の注文が入るようになった。消費者の間でも評判が高まり，チキンラーメンの需要は，突然爆発し，生産が追いつかなくなった。そのような状況を見て，三菱商事から引き合いがあり，「発売元・三菱商事」という文字が印刷され，チキンラーメンの大きな信用となった。

1953年には，民放のテレビ放送が始まっていた。安藤は素早くテレビの宣伝力に注目し，明るく健康的な番組のスポンサーとなった。これによりチキンラーメンの知名度は一挙に全国規模となった。チキンラーメンをはじめとする商品の売り上げは1963年に43億円に達し，東京，大阪証券取引所の第2部上場を果たした。チキンラーメンの普及とともに，類似品や商標に関する訴訟などで悩まされたが，1961年，チキンラーメンの商標登録が確定し，他社の異議申し立ては退けられた。その後業界内の紛争を避けるため，1964年に会員59社による「社団法人日本ラーメン工業協会」（現日本即席食品工業協会）が設立された。安藤は理事長に選任され，公益法人として消費者保護のために協調していくことを約束した。

1966年，安藤が初めて欧米視察にでかけた際，ロサンゼルスのスーパーでチキンラーメンを紙コップに割り入れフォークで食べる光景に出会い，衝撃を受けた。チキンラーメンが，箸と椀なしで食べられているのであった。

調理不要という形で「食の前提」を転換させた安藤は，さらに箸と椀さえ不要という新しい「食の前提」を提示する大きなビジネスチャンスへ挑戦することになった。

　安藤は，めんをカップに入れてフォークで食べられるようにしようと決意し，カップヌードルの開発に集中した。1970年ごろ，即席麺は「食の前提」としてすでに一般化しており，市場は飽和状態で新しい需要を，つまり新しい「食の前提」を創出する必要に迫られていた。

　まず容器である。様々な材質を検討したが，結局発泡スチロールが軽くて断熱性が高く，経済性にも優れ

完成した「カップヌードル」
提供：日清食品ホールディングス。

ていることが分かったが，当時の発泡スチロールの厚みが2センチであったため，より薄くて通気性の少ないものに改善する努力が続けられ，結局2.1ミリまでに薄くすることができた。安藤は，飛行機の中でマカデミアナッツのアルミ容器からヒントを得，カップヌードルのアルミキャップを完成させた。

　最大の難関はめんの容器への装填であった。幾度かの試行，検討の結果，「宙づり」のアイデアが採用された。めんを容器の底より大きくして，容器の中間に宙づりにする方法である。上が広く，底が狭い容器にめんを収めるのは難しく，だからといってめんを容器より小さくすると器のなかに落下してしまい，輸送中にめんが破損してしまう。このため宙づりにする方法が最適と判断されたが，実際試作してみるとめんを水平に装填することができない。めんが斜めになったり，逆立ちになったりして，具材も器の底に落下し

てしまう。この問題に悩み続けていた安藤が，布団の中で思案していた時，突然天井がぐるっと回り，突如アイディアがひらめいたという。従来のようにめんを容器に入れるのではなく，上からめんに容器をかぶせればいい。この方法によると，めんは容器の真ん中にしっかり固定し，動くことはなかった。この方法は後に，実用新案登録され，多くの副次的な効果をもった。またこの方法により，中間のめんがつっかい棒の役割を果たし，カップを強くし，輸送中振動しても，めんが破損することはなかった。またこの宙づり法によって，ふたを開けた瞬間に色とりどりの具材が見え，食欲をそそることになった。また具材にはフリーズドライの製法を採用し，これによって湯を加えた時の戻りがよく，食感，うまみ，形が損なわれない理想的な商品として完成した。

　安藤は，絶対に売れると信じ，茨城県取手市にカップヌードル専用の関東工場を建設した。1971年，カップヌードルは自信を持って全国発売されたが，スーパーや小売店では取り扱われなかった。東京銀座の歩行者天国で，若者から予想外の人気を博したが，チキンラーメンの時と同じく，問屋は100円という値段が高いと，反発したのである。かつてのチキンラーメンの発売時の経験から，安藤は「いい商品は必ず世間が気づく。それまで辛抱だ」と社員を叱咤激励した。その後，カップヌードル専用の自販機を設置し，その便利さが消費者の間に口コミで広がり，小売店からカップヌードルはよく売れるという情報が問屋にまで届いたため，かなりの注文がくるようになった。そうこうするうちにカップヌードルが全国に知られ，飛ぶように売れる事件が起きた。1972年の浅間山荘事件である。多くの機動隊員が雪の寒さの中で湯気の上がるカップヌードルを食べている光景がテレビ画面に繰り返し繰り返し写し出されたのである。それまでカップヌードルを納入していたのは警視庁の機動隊だけであったため，この光景を見た他の県警や報道陣から，すぐ送ってくれという注文が直接本社に殺到した。これを機会に，カップヌードルが全国津々浦々にまで知れ渡ることになったのである。NHKは連続10時間20分にわたってこの事件の顛末を中継し，犯人逮捕を

報じる午後6時から7時の視聴率は66.5％を記録し，民放を含めた総視聴率は90％近くにまで達した。この事件をきっかけに，カップヌードルは火がついたように売れ出し，生産が追いつかなくなった。

その後このカップヌードルは，安藤が信じたとおり，「羽が生えたカップヌードル」として世界中に行き渡り，世界の人々から便利で美味しい商品として歓迎され続けている。

1982年に安藤は，「新しい産業を創出した功績」で勲二等瑞宝章を受章し，同時に日清食品は創業25周年を迎えた。1985年に，安藤百福は社長の座を息子の安藤宏基に譲り，次世代への交代を無事成し遂げた。

2007年1月5日，安藤百福は，長い苦難の末に夢を現実とし得た充実感を味わいながら96歳で大往生を遂げた。「企業在人，成業在天」。逝去の前日，年頭所感に残した言葉である。

おわりに――企業家と「生活の前提」――

藤田田も安藤百福も「食の前提」を革新することによって，大きな成功を収めたという点で共通している。藤田は日本にはなかったハンバーガーという食品を普及させることに努め，それによって新しい「食の前提」の創造に成功した。一方，安藤は調理不要というチキンラーメンに続いて，日本独自の箸と椀の文化を超えたカップヌードルの商品化に努め，それによって新しい「食の前提」を創造したばかりでなく，日本を超えて全世界へ向けた新たな「食の前提」の発信にも成功した。

およそ革新者の役割は，前提を革新することに尽きる。それまで当たり前とされてきた慣習，しきたり，制度などを全く違うものに置き換え，新しい世界を現出させるところに革新者の本領がある。逆に言えば，革新とは従来の前提を覆し，新たな前提を提示，創造することにほかならないとすれば，企業家は商品を通して，前提を革新することに努めねばならない。特に生活者に密着した企業家は，現存の「生活の前提」を覆し，新たな「生活の前提」

を提示し，創造しなければならない。すでにわれわれは電気洗濯機，電気炊飯器，電気掃除機などの出現により，「生活の前提」の破壊と創造を目の当たりにした。これらの商品が登場して以来，それまでの「生活の前提」を代弁する洗濯板，竈，おひつ，はたきなどの商品が姿を消した。それまでの「生活の前提」は徐々に影を薄くし，これら家電製品を前提としたライフスタイルが一般的となり，新たな「生活の前提」となった。

　企業家の革新的活動により，新たな「生活の前提」が出現し，それがまたもやより優れた「生活の前提」に取って代わられる，これが歴史の流れの内実ではないだろうか。

　また現実的な視点から見れば，この「生活の前提」の破壊と創造の過程に，深くて大きなビジネスチャンスが潜んでいる。ビジネスチャンスをつかむとは，この「生活の前提」を覆し，新たな前提を提示し，創造することと同義語である。企業者は，ヒット商品の創出に固執するのではなく，新しい「生活の前提」を提示するような商品の創造をめざすべきであろう。逆に言えば，成功者といわれる人々の多くは，何らかの形で前提を覆し，新しい前提を提示し，創造した人々であったといえる。

注
1） 「生活の前提」の意味については，石川健次郎「ランドマークと「生活の前提」」石川健次郎編著『ランドマーク商品の研究③』同文舘出版，2008年，参照。
2） 橋本寿朗『戦後の日本経済』岩波書店，1995年，139ページ。
3） 野口悠紀雄『戦後日本経済史』新潮社，2008年，80ページ，では一般的な財政投融資に加えて，法人税制の優遇策【退職給与引当金・社宅関連の損金扱いなど】が指摘されている。
4） 溝口敏行「日本の所得分布の長期変動」『経済研究』一橋大学，37巻第2号，1986年。橋本寿朗『戦後の日本経済』岩波書店，1995年，132-139ページ。
5） 近代水道百年の歩み編集委員会編『近代水道百年の歩み』日本水道新聞社，1987年，94-95ページ。
6） (社) 日本ガス協会編『日本都市ガス産業史』1997年，289ページ。
7） 橘川武郎『電力改革―エネルギー政策の歴史的大転換―』講談社，2012年，148ページ。
8） 橘川武郎『電力改革―エネルギー政策の歴史的大転換―』講談社，2012年，140-141ページ。
9） 近代水道百年の歩み編集委員会編『近代水道百年の歩み』日本水道新聞社，1987年，110-111ページ。
10） 経済企画庁編『戦後日本経済の軌跡―経済企画庁50年史―』経済企画庁，1997年，17ページ。
11） 野口悠紀雄『戦後日本経済史』新潮社，2008年，74ページ。

12) 以下特に断りのない限り，天野了一「ハンバーガーの歴史と日米の企業家—世界的ランドマーク商品の誕生—」『同志社商学』第63巻第5号，2012年，の記述による。
13) このほか「口」に「十字架」で，よい言葉を語るように，という意味で「田」と名付けられたという説もある。
14) 東大の学友だった山崎晃嗣（光クラブ経営）に金を貸していたが，自殺直前にきっちり回収したという。また，山崎を唯一「頭のいいやつ」と評している。3桁の複雑な掛け算を一瞬で暗算できたと言っている。自殺直前の山崎から資金繰りに行き詰まったことを相談された藤田は「法的に解決することを望むなら，君が消えることだ」と言ったという。佐野眞一『カリスマ 中内㓛とダイエーの戦後』日経BP社，1998年，276ページ。
15) 日本ではじめて，ハンバーガーチェーンを開業したのはダイエーである。中内㓛は，米マクドナルドとの提携を試みたが，合弁会社の出資比率に関して，中内が51%以上に固執したことなどもあり，直前でこの計画は挫折した。そこで中内は，マクドナルドの経営ノウハウを調査し，1970年2月に株式会社「ドムドム」を設立し，東京のダイエー町田店前に日本初のチェーンオペレーションのハンバーガーショップを出店し，ハンバーガーチェーンの展開を開始した。「ドムドム」とは，ダイエーの社是であった「良い品をどんどん安く」から中内が命名したものである。
16) 藤田は，当時高校生であった孫正義の訪問を受け，コンピューター関連を学ぶように助言した。後に成功した孫に食事に招待され，非常に感激し，孫の会社に自社パソコン300台を発注したという。日経流通新聞編『リスクをとる経営 異能経営者の時代』日本経済新聞社，1997年8月。
17) 以下特に断りのない限り，石川健次郎「大塚正士と安藤百福—食と健康の覇者—逆転の発想—」佐々木聡編著『日本の企業群像Ⅲ』丸善出版，2011年，の記述による。

参考文献

天野了一「ハンバーガーの歴史と日米の企業家—世界的ランドマーク商品の誕生—」『同志社商学』第63巻第5号，2012年。
安藤百福『奇想天外の発想』講談社，1983年。
安藤百福編『食の未来を考える：「郷土料理に学ぶ」食と健康フォーラム・1986』日清食品株式会社総務部広報課，1986年。
安藤百福編『時代に学ぶ美健賢食』フーディアム・コミュニケーション，1990年。
安藤百福『激変の時代を生きる苦境からの脱出』フーディアム・コミュニケーション，1992年。
安藤百福『魔法のラーメン発明物語』日本経済新聞社，2002年。
石井寛治・原朗・武田晴人編『高度成長期』東京大学出版会，2010年。
石川健次郎「1970年代の生活の変容」石川編『ランドマーク商品の研究④』同文舘，2011年。
石川健次郎「大塚正士と安藤百福—食と健康の覇者—逆転の発想—」（佐々木聡編著『日本の企業家群像Ⅲ』丸善出版，2011年。
石山順也『安藤百福の一日一得』KKロングセラーズ，1988年。
和泉清『食文化を変えた男』日本食糧新聞社，1996年。
内野達郎『戦後日本経済史』講談社，1978年。
河明生「マイノリティの企業家活動 重光武雄・安藤百福」宇田川勝編著『ケーススタディ日本の企業家史』文眞堂，2002年。
木島実『食品企業の発展と企業者活動—日清食品における製品革新の歴史を中心として』筑波書房，1999年。
橘川武郎『東京電力 失敗の本質』東洋経済新報社，2011年。

橘川武郎『電力改革―エネルギー政策の歴史的大転換―』講談社，2012年．
木山実「食の商品史」石川健次郎編著『ランドマーク商品の研究』同文館，2004年．
近代水道百年の歩み編集委員会編『近代水道百年の歩み』日本水道新聞社，1987年．
経済企画庁編『戦後日本経済の軌跡―経済企画庁50年史―』経済企画庁，1997年．
厚生労働省編『労働経済白書（平成23年版）』日経印刷，2011年．
小島恒久『戦後日本経済の流れ』河出書房新社，1996年．
五野井博明『日清食品・驚異のヒット商法』エール出版社，1994年．
佐野眞一『カリスマ 中内㓛とダイエーの戦後』日経BP社，1998年．
下村治『日本経済成長論』中央公論社，2009年．
ジーン・中園『藤田田の頭の中―ハンバーガーを和食に変えた男―』，2001年．
武田晴人『高度成長』岩波書店，2008年．
武田晴人編『高度成長期の日本経済：高成長実現の条件は何か』有斐閣，2011年．
土志田征一編『経済白書で読む戦後日本経済の歩み』有斐閣，2001年．
中村政則ほか『日本通史 第20巻』岩波書店，1995年．
中村政則「高度経済成長とは何だったのか」国立歴史民俗博物館編『高度経済成長と生活革命』吉川弘文館，2010年．
日経流通新聞編『リスクをとる経営 異能経営者の時代』日本経済新聞社，1997年．
日清食品株式会社社史編纂室編『食足世平』日清食品株式会社，1992年．
日清食品株式会社社史編纂プロジェクト編『日清食品創業者安藤百福伝』日清食品株式会社，2008年．
日清食品株式会社社史編纂プロジェクト編『映像でつづる日清食品の50年』日清食品株式会社，2008年．
日清食品株式会社社史編纂プロジェクト編『日清食品50年史創造と革新の譜』日清食品株式会社，2008年．
（社）日本ガス協会編『日本都市ガス産業史』（社）日本ガス協会，1997年．
日本経済新聞社編（2004【2001・9・1〜9・29掲載】）『私の履歴書 安藤百福（経済人36）』日本経済新聞社．
日本マクドナルド株式会社編『日本マクドナルド20年の歩み 優勝劣敗』，1991年．
日本マクドナルド株式会社編『日本マクドナルド30年記念誌』，2001年．
野口悠紀雄『戦後日本経済史』新潮社，2008年．
間宏編著『高度経済成長下の生活世界』文眞堂，1994年．
橋本寿朗『戦後の日本経済』岩波書店，1995年．
藤井龍二『「ロングセラー商品」誕生物語』PHP研究所，2001年．
藤田田『ユダヤの商法―世界経済を動かす―』ベストセラーズ，1985年．
藤田田『勝てば官軍―成功の法則―』ベストセラーズ，1996年．
保屋野初子『水道がつぶれかかっている』築地書館，1998年．
松田延一『高度経済成長下の国民生活：高度経済成長下における国民生活の変化』中部日本教育文化会，1985年．
三浦一郎，肥塚浩『日清食品のマネジメント：食文化創造とグローバル戦略』立命館大学経営戦略研究センター，1997年．
溝口敏行「日本の所得分布の長期変動」『経済研究』一橋大学，37巻第2号，1986年．
ラーメン太郎「インスタントラーメン発達史」『食品と科学』第70号，1965年．労働省編『労働白書昭和45年版』大蔵省印刷局，1970年．
労働省労働統計調査部編『労働白書1960年版』労働法令協会，1960年．

労働大臣官房労働統計調査部編『労働白書 1965 年版』大蔵省印刷局，1965 年。

（石川健次郎）

第5章
在来食品産業の改革
──二代茂木啓三郎（キッコーマン）と七代中埜又左エ門（ミツカン）──[1]

はじめに

　高度成長期における日本の食品産業をめぐる経営環境は，所得水準の向上，人口の都市集中化，輸入自由化，外資の進出などで大きく変化していた。すなわち，飽食化と洋風化に象徴される食生活の変革である。
　例えば，主食では米麦が減ってパン類が増加し，副食では肉・乳・卵が伸びて芋類が減少した。調味料に関しては，味噌・醤油に比して，マヨネーズ，食用油，うま味調味料などが大きな伸びを示した。また加工食品の利用度も増え，コーヒー，紅茶，ラーメン，ハンバーグ等のインスタント食品も登場し，市場に賑わいを見せるようになった。1960年代を通じて，カロリー摂取の面で，ほぼ現在の水準（約2500キロカロリー）に達した。こうした市場の拡大に伴い，食品各社は，製造技術の発達や量産体制の確立など，マネジメントを強化した。新規参入も相次ぎ，企業間競争が激しさを増していった。
　しかし，その反面，食生活の変革，とりわけ食生活の洋風化の進展は，食品のなかでも在来産業部門である醤油，酒，みそ，食酢などの存在意義を大きく脅かした。そもそも織物，生糸，酒，味噌，醤油，陶磁器に代表される在来産業は，その多くが明治維新以前に創業され，生活必需品の生産を担っていた。得てして小規模経営ながらも地方を地盤に伝統的な技術を受け継いでいく形で存続・発展し，日本の経済成長を支える存在でもあった。ただ，

食に対する需要そのものが伸長していても，戦後急拡大した洋風調味料や洋酒などに市場を奪われて，先行き不安な状況に追い込まれていったのである。それゆえ，多かれ少なかれ，何らかの対応を迫られる企業も多かった。

そこで本章では，キッコーマン（野田醤油）の二代茂木啓三郎とミツカン（中埜酢店）の七代中埜又左エ門を取り上げる。両者は，強力なリーダーシップを発揮し，多角化や国際化などユニークな経営を展開して，在来食品産業であった醤油醸造業と食酢事業を発展させたのであった。

以下では，キッコーマンとミツカンが在来産業として生成・伸長してきた軌跡，二代茂木啓三郎と七代中埜又左エ門がトップ・マネジメントに就任するまでの経緯，そして両者がどのような経営理念を持ち，いかなる戦略を採って醤油醸造業や食酢事業の発展をリードしていったかを中心に述べていく。

1. 二代茂木啓三郎

1-1. 野田醤油の成立

野田醤油は，1917（大正6）年，互いに婚姻関係にある千葉県野田の醤油醸造家一族8家の合同で設立された。8家とは，高梨兵左衛門家（本印：ジョウジョウ），茂木七左衛門家（クシガタ），茂木佐平治家（キッコーマン），茂木七郎右衛門家（キハク），茂木房五郎家（ミナカミ），茂木勇右衛門家（フジノイッサン），茂木啓三郎家（キッコーホマレ），堀切紋二郎家（フンドーマンジョウ）である。8家のうち，最も古くから醤油を作ってきたのは高梨兵左衛門家で，創業は1661（寛文元）年までさかのぼる。

野田は銚子とともに醤油の名産地で，多くの醤油醸造業者がしのぎを削っていた。そのなかでも品質の優れた醤油をつくる茂木・高梨一族がその地位を確立していた。幕末・維新期には高梨・茂木一族だけで野田の生産量の8～9割を占めていたという。茂木・高梨一族は競争と協調を繰り返しながら切磋琢磨し，野田醤油の評価を高めていった。そして製造・営業の合理

二代茂木啓三郎
出所：キッコーマン［2000］。

化・近代化を図ろうと，1917（大正6）年に合同して野田醤油を成立させた。

野田醤油発足に際して，「キッコーマン」を本印にすることにしたが，「ジョウジョウ」「キハク」の生産も継続した。この3つは1864（元治元）年に幕府が物価引下げ命令を強行しようとしたとき，厳しい審査の結果，銚子の「ヒゲタ」「ヤマサ」らとともに「最上醤油」と認定されて値下げを免れたものだった。

しかしながら，広告宣伝の際に3印を併記すると消費者を混乱させるなどの理由から，1927（昭和2）年に東京市場への出荷を「キッコーマン」のみに限定した。「キッコーマン」に商標が統一されるのは，1940年9月，戦時体制にともなって公正価格形成委員会が「一社一規格一マーク」の方針を打ち出したことによる。この間，野田醤油では1930年に壜詰め工場を設立，翌年には全製造工程を機械化した工場を次々に竣工して大型化と品質向上に努めた。

野田醤油の特徴として，ユニークなトップ・マネジメントの選出方法があげられる。初代社長に六代茂木七郎右衛門（在任期間：1917～29年）が8家当主の中から選出されたが，彼は野田の産業振興に功績があり，人格・識見とともに一族全てが認める優れた人物であった。その後，十一代茂木七左衛門（1929～43年），九代茂木佐平治（1943～46年）と続くが，特定の家から固定的にトップを選出するのではなく，一族のなかで人格，能力，学歴などで優れた人物を，彼らの互選によって決定した。しかも一族のなかでトップ・マネジメントに就任するメンバーの決定は早めに行われ，以後順送りに昇進コースを辿らせることが慣行となった。こうして血縁関係に基づ

いた強固な経営体制が築かれていった。ときには一族以外にも将来経営陣の一員になるよう嘱望される人物がいると、一族のなかに養子に迎えられ、後にトップ・マネジメントとして経営能力を遺憾なく発揮してもらったのである。6代目社長に就任した二代茂木啓三郎もそうした人物の一人であった。

1-2. 二代茂木啓三郎を襲名
1-2-1. 野田醤油に入社

二代茂木啓三郎は、1899（明治32）年8月5日、千葉県海上郡富浦村（現在の旭市）で農業を営む飯田庄次郎とせきの次男として生まれた。本名は飯田勝次といった。茂木啓三郎を名乗るようになったのは、勝次が1929（昭和4）年に茂木家の養子になり、35年に養父初代茂木啓三郎が亡くなって二代目を襲名してからである（以下、養子になるまでを勝次とする）。

勝次は地元の中学校を卒業後、東京商科大学予科（現在の一橋大学）に入学し、とくにイギリスの産業革命史を専門とする上田貞次郎教授に師事した。勝次はそこで「チャーチスト運動」を研究テーマとした。上田には、学問もさることながら、人間的にも薫陶を受けた。その上田から勝次は就職先として野田醤油入社を強く勧められた。

1920年代半ば、野田醤油では労使関係が極度に悪化し、経営陣も対策に苦慮していた。そのため内々に上田から指導を仰いでいた。すなわち上田は野田醤油の非公式の顧問のような存在であり、勝次は野田醤油側の労働組合対策要員として期待されたのであった。家族や親戚は野田醤油への入社に反対したが、勝次は上田の意向を無にするわけにはいかないと思い、大いに悩んだ。そこで勝次は、上田に野田醤油の勤務は短期間だけでもいいか相談した。上田は、「労働組合を会社で公認して団体協約を結び、労使対等の立場で団体交渉を行い、理想的な労使関係をつくったら東京に帰ってもいい」と、これを了承したのであった。こうして1926（大正15）3月に勝次は東京商科大学を卒業すると、4月に野田醤油に入社した。

勝次は、まず実務見習いとして勤務した。とはいえ、工場見学者の案内を

するぐらいで，とくにこれといった仕事はなかった。だが勝次は，仕事の合間をぬって会社の労使関係の実態やその歴史等について調べた。先述のように，野田醤油では労働運動が激しく行われ，経営陣はその対応に悩まされていた。要求の提出やストライキは年中絶えることなく，その要求も出せば必ず通るという有様であった。会社側も様々な手段を講じてみても，ほとんど効果がなかった。たとえば会社側が工員寄宿舎を設置して工員の教育訓練・福祉の施設としようとすれば，それがたちまち争議団の本部になるということもあった。

　勝次はこの状況をみて，上田の教えとは異なるが，いったん労働組合を解散してゼロから出直す以外方法はないと決断した。そこで会社側に労働組合との正面対決を進言し，自らこれを実践していった。

1-2-2. 「産業魂」を提唱

　1927（昭和2）年9月16日，野田醤油でこれまでで最も激しい労働争議が勃発した。争議は双方譲る気配は全くなく，長期化の様相を呈していた。会社側は農村から大量の臨時工を雇い入れて工場に籠城させるなどの措置をとっていたが，これに対し組合側は暴力でもって反撃した。会社に寝返った職工長を刺殺したり，全工場の焼打ちを計ったりするなど，野田は一時無警察状態に陥った。

　勝次はこの間，組合対策だけでなく，「争議は争議，営業は営業」と，決して経営活動を止めることはしなかった。会社側の社員には弱音を吐く者もいたが，勝次は断じて妥協しないよう励ました。とくに争議の解決を担っていた茂木佐平治常務の相談相手となって，彼を強力にサポートしていった。会社側は毅然とした態度を堅持し，翌年4月20日，開始から218日目にしてようやく争議は収束した。

　労働争議が解決して，会社をどう立て直すかと経営幹部が腐心していたとき，茂木七郎右衛門社長は，「『産業魂』に徹すること」を社是とした。「産業魂」は，勝次が1925（大正15）年末頃に，「産業道の提唱」という一文を

まとめて，会社経営の基本理念の確立を説いたものであった。その趣旨は，「経営の窮極の目的は国家の隆昌，国民の幸福増進であり，日本の社会組織の根帯は家族制度ゆえ，日本の産業もまた家族主義的精神が基調でなければならないとし，人間の互助・相愛の確立が経営の根本である」（キッコーマン株式会社［2000］）というものであった。

勝次は労使間対立の理由について，1917（大正6）年に株式会社を設立した際に形式的には近代的になったけれども精神面では必ずしもそうではなく，個人経営時代にあった主従の人間関係が崩れたためそれに代わる人間関係が欠落している，と分析していた。すなわち，経営に責任と道理とが欠けているために労働に自覚と信条がない，つまり労使間に共通の理念がないことがここまで事態を悪化させた根本原因であると結論付けていたのである。なお「産業魂」としたのは，七郎右衛門社長が勝次の意見を取り入れる際，「産業道」では少々堅いからとして表記を変えたからであった。

ところで勝次は，争議解決直後，過労がもとで休養を余儀なくされていた。それゆえ，勝次は野田醬油を辞めるつもりでいた。もともと野田醬油に長く勤務するつもりはなかったし，争議解決によって上田への義理も果たせたと思ったからであった。しかし，そのような折，勝次は茂木七郎右衛門社長から結婚を勧められた。「キッコーホマレ」をつくっていた茂木啓三郎（当時野田醬油取締役）から養子に望まれたのである。勝次の仕事ぶりや行動力が見込まれたのだという。社長直々にこのような配慮をしたことは，勝次が今後野田醬油のトップ・マネジメントとして，辣腕を振るってくれることの期待の現われでもあった。養子となることに抵抗感があった勝次だが，上田から，会社に新風を吹き込む自信があるのなら養子だって差し支えないと諭されたのであった。こうして1929（昭和4）年12月に茂木啓三郎の娘てい子と結婚し，1935年に養父啓三郎が死去すると二代啓三郎を襲名した。

1942年，二代啓三郎は野田醬油取締役に就任し，製造と労務を担当した。戦局が激しくなり，大豆等の原料統制が厳しさを増しても，野田醬油は原料のもろみがなくなるほど出荷して供出に協力した。大量の出荷に反対する社

員も多かったが，二代啓三郎は「いまこそ産業魂の試練の時である」と説得して出荷を押し通した。また第二次大戦終結後の原料不足が続くなか，野田醬油では短期間醸造と高歩留まりを実現した「新式2号醬油」の醸造法を確立した。このとき1947年に常務に就任していた二代啓三郎は，窮地に立つ醬油業界の要請に応えて，特許を独占することなくその醸造法を紹介した。さらに1955年には蛋白質の溶解利用率を飛躍的に向上させる「N. K.式蛋白質原料処理法」が発明され，醬油の完全な工業製品化が可能になったが，二代啓三郎はこの特許も公開した。ここでも「産業魂」を実践したのであった。

そして，1962年2月，五代茂木房五郎社長（5代目：在任期間1958～62年）の退任に伴い，二代茂木啓三郎が常務から第6代社長に就任した。五代房五郎は「会社がしょうゆだけをつくっていればよい時代は終わった。今後の多角的な事業展開は新しい感覚の経営者に任せることにしたい」（同前）と退陣を決意して，二代啓三郎に後を託したのであった。

1-3. キッコーマン醬油の経営革新
1-3-1. 多角化事業への着手

社長に就任した二代啓三郎は，五代房五郎前社長の掲げた「より良い品を，より安く，より多量に」という基本原則を踏襲しつつ，これから会社の進むべき方向性を，「大型化・多角化・国際化」と位置づけた。大型化とは，事業の大黒柱である醬油部門をより強大にすることを意味する。野田醬油では二代啓三郎のもとで経営の様々な部門において革新的な取り組みが行われていくようになる。なかでも二代啓三郎は，多角化と国際化をとくに推進していった。

そもそも二代啓三郎は，社長に就任する前から野田醬油における多角化経営の意義を認識していた。戦前からソース製造を行っていたものの，それはあくまで「副業」としてであった。高度成長期をむかえて，醬油の需要は伸張していた。しかしながら，その一方で食の洋風化が進展し，ソース，トマ

トケチャップ，マヨネーズ，等の洋風調味料の需要も急増していたのである。その勢いは醤油業を脅かすほどであった。二代啓三郎は，ひとまず野田醤油がこれまで培ってきたノウハウを生かせるような事業，すなわちトマト加工品とワインへの進出を企図した。

野田醤油がトマト製品製造に乗り出した原点は，副業のソース製造にあった。野田醤油はソースの主原料であるトマト・ピューレの供給を，長野県更埴市の唐木田稲次郎から受けていた。1960年，唐木田がソース事業を担当していた十二代茂木七左衛門常務にトマトケチャップの事業化を勧めたのであった。これには役員の大半が賛成し，1961年7月，唐木田と合弁で吉幸食品工業㈱を設立した。そして翌年5月に更埴市に工場を設立して，トマトケチャップとトマトジュースの生産を開始した。

1963年1月に社名を吉幸食品工業株式会社からキッコー食品工業株式会社に改めたが，同じ時期に二代啓三郎は，三井物産からアメリカのカリフォルニア・パッキング社との提携話を持ちかけられた。同社のブランドである「デルモンテ」は，果実および野菜缶詰の分野において世界各国でよく知られていて，日本でも戦前からなじみが深かった。それゆえ二代啓三郎は合弁事業に参加することを決意した。

ただこのときカリフォルニア・パッキング社は三井物産と折半で日本カルパック株式会社を設立していたので，野田醤油は三井物産の持ち株半分を譲り受ける形となった。これにより，同社のトマト部門の製造をキッコー食品工業が，販売を野田醤油が三井物産と協力して行うことになった。そして1963年9月，「デルモンテ・トマトジュース」や「デルモンテ・トマトケチャップ」などを発売し，当時国内市場を席巻していたカゴメ食品工業やアメリカの有力食品メーカーに挑戦していったのである。

ワイン事業への進出も，トマト事業同様，ソース製造との関連からスタートしたものだった。野田醤油では1961年からバーベキューソースの製造・輸出を開始した。開始当初は原料の赤ワインを日清醸造株式会社から購入していたが，ほどなくして同社がある会社に吸収合併されると，購入先を山梨

県勝沼町の大村忠雄に切り替えた。しかし，個人工場ゆえに生産規模が小さく，ソースの製造量を増やそうとしても赤ワインの供給に限界があった。そこで二代啓三郎は，長期的な安定供給のためにもワイン事業に進出することを決意し，1962年10月，大村家との合弁で勝沼洋酒株式会社を設立した。ワインは醤油と同じ農産加工品であり，醸造品であることから，野田醤油との体質に合う事業でもあった。

野田醤油が必要としたのはバーベキューソース用の原料ワインだった。しかしながら二代啓三郎は，本格的なテーブルワインの製造も行うべきだと考えていた。二代啓三郎には，食の洋風化の進展にともないワインが日本でもっと普及するとの読みがあった。野田醤油では「日本のぶどうによる日本のワインづくり」を目指し，ヨーロッパのワイン醸造技術を修得するとともに，「勝沼ワイナリー」の製造設備を整えていった。1964年3月には社名をマンズワイン㈱に改称，10月に白と赤のワインを発売し，続けてロゼワインを市場に送り出した。とはいえ当時はまだワインそのものに対する一般消費者の関心は低く，販売活動には多くの困難が伴った。ワイン事業が軌道に乗ったのは，1970年代初めに第1次ワインブームが到来してからであった。

1-3-2. キッコーマン醤油の海外進出

二代啓三郎が，海外市場，とくにアメリカ市場への進出を強く意識したのは1956年5月に生産性本部の視察団の一員として渡米した時であった。アメリカの「人間幸福の資本主義」に感銘を受けるとともに，現地での醤油の評価が高いのに驚いたという。さらに，サンフランシスコの空港で，「KikkomanはAll-Purpose Seasoning（オール・パーパス・シーズニング：万能調味料）である」と書かれている新聞記事を偶然見かけた。二代啓三郎はこれを醤油輸出のキャッチフレーズとして使用することを中野栄三郎社長（当時）に具申した。そしていつかアメリカで醤油を醸造してみたいとの思いを募らせるようになっていった。

そもそもキッコーマン醤油の海外進出の歴史は古く，1868（明治元）年

に，ハワイに渡った移民向けに輸出されたのが最初であった。しかしながら，第二次大戦前までの醤油輸出は，どちらかといえば海外に住む日本人向けに行われていた。戦後になって醤油がアメリカをはじめ世界に広まっていったのは，進駐軍が日本料理を食べて，醤油の良さを認識して本国に帰ったのがきっかけであった。日本の食品を取り扱う現地の商社を通じて，食料品店や日本食レストランで販売されるようになり，徐々にではあるがその量も増加していった。

　二代啓三郎は，1956（昭和31）年の訪米の際に，アメリカ大手のスーパーマーケット・セーフウエイに醤油を納入することに成功した。さらに同年11月の大統領選挙の際に，サンフランシスコのテレビ局を借り切ってスポット広告を試みた。これが大きな反響を呼んで，現地の食品業界に注目されるようになった。そして翌年6月には，同じくサンフランシスコにキッコーマン・インターナショナル・インコーポレーテッド（Kikkoman International Inc.: KII）を設立して，これまで現地の商社に委ねていた販売活動に直接乗り出していった。次いでロサンゼルス，ニューヨーク，シカゴに支店を置き，順次販売網を拡大していくと同時に，広告宣伝活動や醤油を使用した料理法を紹介するキャンペーンなど，販売促進活動を積極的に展開していった。

　1964年10月には社名を「キッコーマン醤油株式会社」に変更した。変更の大きな理由は，海外進出するうえで商号と商標を一致させるためであった。アメリカではキッコーマンと野田醤油が別物とみなされたこともあったという。事業の多角化に着手していたこともあって，「醤油」の2文字を残すのに役員の一部から異論があったが，二代啓三郎は多角化を志向しつつも「いまこそ，当社事業の原点であるしょうゆ事業を重視すべきで，醤油の文字を残すことによって，社員のすべてがしょうゆ事業の将来に自信と責任を感ずるべきである」（同前）と訴えて，これを了承させたのであった。

　アメリカへの醤油の輸出が増大するなかで，輸送コストの合理化が課題になった。原料の小麦と大豆はアメリカとカナダから輸入していたから，これ

を加工して輸出することは運賃の二重払いとなり，輸出が増えれば増えるほどその額も増えることになっていたのである。そこで二代啓三郎は，1965年に，社内に AP（アメリカプラント）委員会を発足させ，現地生産に対する調査・研究を行わせた。だが委員会は現地生産の最小採算ロットを年産9000kl と算出したので，この年の輸出量4200kl では「時期尚早」との結論であった。それゆえ，ひとまず部分現地生産方式を採用することにした。大型容器（ドラム缶）に詰めた醤油をコンテナ船でアメリカまで輸送し，現地で小型容器に詰める方式であった。そうすれば輸送経費の低減と輸送の迅速化が図られると目論んだのである。そこで1967年12月に，カリフォルニア州オークランドの製塩会社レスリー・ソルト社と業務提携し，現地で醤油の壜詰めを開始した。

しかしながら，コンテナ輸送は合理的であるものの，アメリカからの戻りには空のコンテナを輸送するという無駄が生じた。アメリカでの販売量が順調に増加していることもあって，また新たな対応策―アメリカでの一貫体制の是非―の検討に迫られた。現地生産は，製品の海上運賃と関税がゼロになる，原料穀物の調達が容易になると同時に原料運賃と原料在庫量を減らすことができるなどのメリットがある。とはいえ，工場を建設するとなると巨額な資金が必要になるし，野田と同じ醤油がつくれるかどうかという技術的な問題もあった。役員会でも意見が分かれた。最終判断は社長である二代啓

表 5-1　野田醤油のしょうゆ輸出量（1956 ～ 73 年）

(KL)

年	輸出量	年	輸出量	年	輸出量
1956	1,500	1962	3,400	1968	5,800
1957	1,700	1963	3,600	1969	6,500
1958	1,800	1964	4,000	1970	6,800
1959	2,300	1965	4,200	1971	9,000
1960	2,500	1966	4,200	1972	9,300
1961	3,200	1967	4,800	1973	6,200

出所：キッコーマン［2000］251, 312 ページより作成。

三郎に委ねられた。もともと現地生産を強く推していた二代啓三郎は，1971年3月26日の役員会で「難事業ではあるが，アメリカ工場を建設しよう」と発言，役員がこれを了承した。

工場用地は，全米候補地60カ所の中から，ウィスコンシン州のウォルワースが選ばれた。原料穀物の産地に近く良質の水がある，物流に便利，豊かな自然に恵まれている，などの理由からであった。1972年3月に工場の運営を目的とするアメリカ法人キッコーマン・フーズ・インコーポレーテッド（Kikkoman Foods, Inc.: KFI）を設立し，翌年6月にKFIの工場を操業開始した。その落成式の席上，二代啓三郎は「この工場はキッコーマンのアメリカ工場ではなく，アメリカのキッコーマン工場である。今日からはウィスコンシン州のよき一員としてアメリカの地域社会の発展に協力したい」（前掲［2000］）と述べ，「経営の現地化」の経営方針を提唱した。醤油醸造業は基本的に地場産業ゆえ，アメリカで醤油を一般家庭に普及させるには，KFIもウィスコンシン州の地場産業として地域にとともに成長しなければならないという二代啓三郎の思いが込められていた。KFIは積極的に販売促進活動を行った。とくに醤油を利用した料理を紹介することで需要を喚起させていった。KFIの出荷量は順調に伸びていったのであった（表5-1）。

KFIの完成と製品の出荷を告知した新聞広告
出所：キッコーマン［2000］266ページ。

1-4. 二代啓三郎から十代茂木佐平治へ

KFIの企業活動は，日本にルーツをもつ食品メーカーがアメリカで成功

したまれな例として，また摩擦をともなわない対米企業進出の例としても，日米両国で研究の対象になった。1974（昭和49）年9月にはハーバード・ビジネス・スクールで，キッコーマン醤油のアメリカ進出がケース・スタディーとして取りあげられた。「長い歴史を通じて醤油という日本の伝統的な食品製造に携わってきた企業が，ある時期製品の多角化に踏み切り，さらに海を越えて市場の地域的拡大に挑んだ戦略に注目」（同前）したからだという。このとき，ビジネス・スクールにキッコーマン醤油代表として講義に参加したのが，1974年2月に社長を退いていた二代啓三郎であった。

その前年にオイルショックが発生すると，醤油の出荷高が伸び悩み，キッコーマン醤油はその対応に追われていた。経済は成熟化の段階に移行し，消費の多様化が進展していた。二代啓三郎は「今日の事態は文字通り非常緊迫，お互い小異を捨て小我を投げ打って事にあたらねばならないときであり，そのための体制を実現したい」（前掲［2000］）と社長退任を決意し，常務の十代茂木左平治にその後を譲って，自らは会長に就任していたのであった。十代左平治は二代啓三郎の社長就任と同時に常務に就任し，社長室長も兼ねて二代啓三郎を強力にサポートしてきた。十代佐平治は，グループの結束を強化しつつ，二代啓三郎が基盤を築いた「多角化」と「国際化」をさらに強力に推し進めていった。

なお，二代啓三郎は，1976年7月に「短期間に事業規模を拡大させ，すぐれた企業としての市民権を得た」「アメリカ人の雇用に貢献した」「楽しい食生活をもたらした」という理由で社長の茂木左平治らとともにウィスコンシン州議会から感謝状を贈られた。さらに1984年にはミルウォーキー・スクール・オブ・エンジニアリング・カレッジ（工科大学）から，アメリカへの工場進出を成功に導いた指導力などが評価されたことを理由に，名誉工学博士の称号を贈られたのであった。

2. 七代中埜又左エ門

2-1. 中埜家と食酢事業

　ミツカンの歴史は，1804（文化元）年，初代中野又左衛門（中野勘次郎）が酒粕を原料に食酢を作ったことに始まる。勘次郎は愛知県半田で代々酒造業と海運業を営む中野（半左衛門）家から分家して，初代中野又左衛門を名乗っていた。初代又左衛門は，当時江戸で流行っている「握り寿司」に着目して，余っていた酒粕を利用して食酢を醸造したのである。

　当時，寿司といえば大阪の「押し寿司」が本流だったが，江戸両国の華屋与兵衛が新鮮な魚介類を早く食べさせる「握り寿司」を発明すると，これが大ブームとなった。「押し寿司」には米酢が使用されていたが，「握り寿司」には酒粕原料の酢（酒粕酢）が合っていた。そこで初代又左衛門は酒造業を廃止し，半田に食酢工場を設立して，本格的に製酢事業を開始したのである。その際彼は「酢屋勘次郎」と名乗り，○に勘の字を入れた「マルカン」を商標にした。

　初代又左衛門のつくる酒粕酢は，安価でかつ品質も優れていたため，売上げは順調に伸びていった。彼は江戸方面には以前からの清酒の廻船ルートを利用し，また尾張・三河などの地元売りにも積極的に取り組んで，事業基盤を築いていった。続く二代又左衛門は高級粕酢「山吹」を開発，高い評価を勝ち得た。そして三代又左衛門は，販路を広げるために数隻の千石船を建造し，さらに工場近くまで運河を開いて海運の便を良くするなど，工夫を凝らした事業活動を行っていった。1838（天保9）年には，出荷額が創業当初の約30倍にまでなったという。

　明治期に入ると，中野家は事業を多角的に展開するようになった。四代左衛門は進取の気性に富んだ人物で，本業の酢を伸ばすだけでなく，ビール（丸三麦酒），金融（中埜銀行），鉄道（知多鉄道），紡績（知多紡），ガス（知多瓦斯），時計製造，牛乳製造等，様々な分野に進出していったのであ

る。また四代又左衛門は「中野」から「中埜」と名乗るようにしたが，これは彼が熱中していた易学によるものとされる。そして4代目から経営を引き継いだ五代又左衛門は，ビールなど採算の取れない事業を整理しつつ，本業である製酢事業の拡大を企図した。五代又左衛門は，工場設備の機械化・近代化を行うとともに，尼崎に工場を設立して，関西市場にも進出した。またそれに伴って，関西で主流だった米酢製造にも着手したのであった。

　ところで「酢屋勘次郎」の名称とマルカンの商標は，食酢の製造業者の多くが使用していた。1887（明治20）年に商標条例が公布され，商標を自社専用にするには登録が必要になったが，中埜家はマルカンの商標登録に際して名古屋の製酢業者に先を越されてしまった。それゆえ中埜家では急遽新商標を考案しなければならなくなり，そのときに考案されたのが「ミツカン」印であった。「ミツカン」は中埜家の家紋である〇で囲まれた三の形を分解して，「三」を「ミツ」，「〇」を「環（カン）」と読ませたのである。「三」の三本の線は酢の命ともいうべき「味，きき，香り」を表していて，この下に「〇」をつけたのは，「天下一円に行き渡るように」という易学上の考えが込められていた。

　また中埜家の当主は代々又左衛門を襲名していたが，それぞれが自分の子どもへとスムーズに継承させたわけではなかった。実は2代目から5代目は，いずれも同じく知多半島常滑の酒造家・盛田家から迎えられた「婿養子」であった。男子に恵まれなかったというのが大きな理由だが，2代目のように長男がいながらあえて婿養子に3代目を継がせるケースもあった。いくら息子といえども，自分の跡を継ぐに値しないと判断したら，容赦なく他から跡取りが迎えられた。また養子を迎える場合には，その人物が中埜酢店のトップ・マネジメントを務めるに値するかどうかが重要であった。つまり，親戚筋を含めて有能な人物に又左衛門を継承させるようにしたのである。そして歴代の又左衛門は，経営能力を発揮して中埜家の事業を発展させていき，その過程で「ミツカン」ブランドの食酢は，全国に浸透していった。

そうしたなか，六代又左衛門（幸造，5代目の次男）は，中埜酢店史上初めての嫡子相続人であった。彼は5代目の指示で，中埜酢店に勤める従業員で慣習となっている「本家勤め」を体験した。「本家勤め」というのは，新入りの小僧が山崎にある中埜家本邸に1年間寝泊りし，ふき掃除，雑巾がけ，その他の雑用をつとめることをいう。その後幸造は，中埜家事業の様々な部門を経験し，1919（大正8）年，5代目の死去とともに六代又左衛門を襲名した。6代目は第一次大戦時の事業拡大を受けて，1923年6月にこれまでの個人商店から株式会社中埜酢店へ組織変更し，自ら社長に就任した。そして約30年にわたってトップ・マネジメントを務めたが，後継者に指名したのは彼の長男政一（七代又左エ門）であった。

2-2. 七代又左エ門を襲名
2-2-1. 社長就任まで

六代又左衛門の長男政一は1922（大正11）年に生まれた。幼少のころはとにかく腕白で，両親にとっては心配の種だったという。中学に通うころになると，6代目と同様，「本家勤め」を経験し，行儀作法，掃除の仕方など厳しく教え込まれた。その後，慶応義塾大学経済学部に進学したが，在学中の1943（昭和18）年に学徒出陣で名古屋の高射砲連隊へ入隊した。そして終戦後いったん大学に復学し，1946年10月，中埜酢店に正式に入社した。

中埜酢店での政一の初仕事は，戦時中に瓦礫の山となった工場の後片付けだった。倒壊工場の整理が終わると，政一は六代又左衛門の指示で資材係を担当するようになった。だが終戦後の物資不足で，主要原料である酒粕の入手は困

七代中埜又左エ門
出所：ミツカングループ創業200周年記念誌編纂委員会[2004]『尾州半田発 限りない品質向上を目指して』。

難をきわめた。ヤミが横行して公定価格の10倍以上の価格で購入せざるを得ない状況であったが，公定価格で売っている相手先を何とか探して，かろうじて収支でバランスを保つように努めていった。あえてつらい資材係を任されたことは，政一にとって6代目からの修行の意味もあったかもしれない。

さらに当時中埜酢店は原料のこと以外にもさまざまな問題を抱えていた。倒壊した工場・支店の復旧作業，農地改革で中埜家所有の農地が安い価格で政府に買収されたこと，復員兵の仕事の確保におわれたこと，戦時中徴発された輸送船が戻ってこなかったこと，傾斜生産方式のなかで製酢業が丙種にランクされたため銀行からの資金繰りが困難だったことなどである。政一は6代目をフォローする形でこれらに対処していった。

そのような折，1949年に六代又左衛門が病に倒れた。それゆえ政一が中埜酢店の経営の舵取りを行わなければならなかった。政一自身は2年前に蒲郡の製油業者竹本長三郎の五女ふじと結婚していたが，家計は会社同様に苦しく，いわゆる「タケノコ生活」を送っていた。父である六代又左衛門に委ねられ経営を引き受けたものの，2，3年は支配人や番頭らを頼ってばかりだったという。それでも徐々に慣れてくると，1952年，政一は六代又左衛門に代わって中埜酢店の社長に就任した。

2-2-2.「三身活動」を提唱

社長就任直後，政一は酢の全面的な壜詰め化を実施するよう促した。これまで中埜酢店では酢のほとんどを樽で出荷していた。だが，空き樽の回収が極端に遅くなっていること，「ミツカン印」の空き樽に安い合成酢を入れて販売する業者が存在したこと，そして酢と同様樽売りが中心だった日本酒や醤油に壜詰めの傾向が強まったことを理由に壜詰めを決意したのであった。

しかしながら，社内では反対の声があがった。樽売りが当たり前だと思っていた作業員には壜詰めに大きな抵抗感があったのである。まして大規模な設備投資が必要であるから，資金繰りの面で心配する幹部も多かった。これ

に対し政一は，高性能な壜詰め機やラベル貼付機を導入すれば長い目で見れ
ばコストで有利なこと，そして何よりも壜詰めによって自社ブランドや品質
を徹底させることで消費者の信頼を得られることを従業員に説得し，壜詰
めを断行した。このことから政一は，これまで当たり前に行ってきたこと
でも，変えるべきことは変えていかなければという思いを強くしたのであっ
た。

　慣習を打ち破るという点では，政一が社長に就任する前にも，酢倉の仕込
み桶が丸いのを四角にできないかと提案したというエピソードもある。四角
い建物の中で，桶が丸いのはスペースに無駄が生じているのではないかとい
う素朴な疑問からだった。「桶は丸いものが当たり前」と思っていた作業員
には失笑するものもいた。しかしながら四角の桶を作って試した結果，品質
に変化はなく，むしろ政一の言うように合理的であるとの結論に達した。結
局中埜酢店の仕込み桶は全面的に四角に統一されたのであった。

　1960年4月に六代又左衛門が死去すると，政一は同年5月に七代又左ヱ
門を襲名した。ただ政一は，「又左衛門」と名乗ることに抵抗があったよう
である。従業員との距離を感じさせてしまうというのが大きな理由だった。
周囲からの説得もあってこれを受け入れたが，政一は，又左衛門の「衛」を
「ヱ」に変えて名乗ることにした（以下七代又左ヱ門と記す）。七代又左ヱ門
は以下のように語っている。

　「本当のことを言うと，襲名をするのは嫌だった。むりやりさせられたわ
けだね。仕方ないから襲名はしたが，『又左衛門』の『衛』を変えてくれ，
『ヱ』にしてくれと言ったんです。『衛』は"守る"という意味で後ろ向き
だ。それに比べて『ヱ』は片仮名のヱですが『工夫』の工にも通ずるわけ
で，これは押し通し，そうしてもらいました」（ミツカングループ創業200
周年記念誌編集委員会［2004］93-4ページ）。

　また，同年11月に行われた襲名披露式典で，七代又左ヱ門は「買う身に
なって，まごころこめてよい品を」という標語を掲げ，すべての従業員に顧
客の立場に立って行動するよう呼びかけた。さらに1962年の年頭挨拶で，

経営者は「働く身になって，まごころこめて良い経営を」心掛けなければならないこと，従業員も「経営者の身になって，まごころこめて良い能率を」発揮することが経営上不可欠であることを説いた。そこで又左エ門は「買う身」「働く身」「経営者の身」の3つの"身"を総称して「三身活動」と名付け，今後の会社の方針とすることを提唱したのであった。

2-3. 中埜酢店の経営革新
2-3-1.「脱酢作戦」の実施

中埜酢店の食酢の生産高は，6代目から経営を引き継いだ1952年の約1万キロリットルから1967年の約5万4000キロリットルへと，日本経済の成長に歩調を合わせる形で順調に推移していた。ただそのようななか，七代又左エ門は，中埜酢店の醸造酢よりもかなり安値で販売されている合成酢の存在に悩まされていた。

合成酢は醸造酢に比べると風味が劣っていた。醸造酢には酢酸そのもののほか50種類以上の有機酸類やアミノ酸が含まれているが，合成酢にはそれらが2，3種類しか入っていないからである。その差を埋めるために各種の人工調味料や添加物を混ぜて味付けをしていた。ただ合成酢はアルコール発酵や酢酸菌を用いないですむため，コストがかからず，その分安値で販売されていたのである。さらに厄介なことは，合成酢を醸造酢のように偽ったり，なかには米酢のように装って製品を販売したりする業者が氾濫していたことであった。

1968年5月，表示の取締りに関する法律「消費者保護基本法」が制定されると，中埜酢店は，翌月から「100%醸造はミツカン酢だけ」をスローガンとする純正食品キャンペーンを開始した。ミツカン酢の確かな品質と安全性を消費者に強く訴えたのである。これには業界内，とくに醸造酢を製造する業者から強い反発があった。しかしながら消費者団体の後押しもあって，食酢の公正競争規約づくりが始まった。その結果，1970年から食酢の表示は七代又左エ門の思惑通り，「醸造酢」と「合成酢」の2つの区分となった。

2. 七代中埜又左エ門　137

　合成酢の問題が解決すると，中埜酢店では七代又左エ門の指示で「需要創造キャンペーン」を実施した。消費者に食酢の利用方法を提案するとともに，増えた需要の大半を自ら獲得していこうとするものであった。その際に「『酢』は，スタミナの酢」というキャッチフレーズで，醸造酢の酢酸が持つ健康への効能を消費者にアピールする活動を展開した。中埜酢店の食酢のブランドを育成するとともに，さらなる市場開拓を図って，業界におけるトップメーカーの地位を確固たるものにしようとしたのである。

　その一方で七代又左エ門は，7代目を襲名してから「脱酢作戦」の構想を描いていた。本業である食酢事業を拡大させながら，食酢以外の製品の開発を積極的に行って，食酢とそれ以外の製品のバランスを将来的には50対50以上にしようとするものであった。

　七代又左エ門は食生活の洋風化で食酢の消費量が減っていくのではないかと危惧していたので，食酢の関連商品の幅を広げるとともに，食酢以外の商品にも進出しようとしていた。またそうすることで本業の食酢の成功に安心することなく，社内にチャレンジ精神を醸成させていくことも意図していた。そこで七代又左エ門は中埜生化学研究所（1942年，食酢の研究のために設置）を拡充し，新製品開発を推進していった。

　その第1弾が1964年発売の「味つけぽん酢」（1974年に「味ぽん」に改称）であった。ぽん酢は，オランダ語の「Pons＝ポンス（柑橘果汁）」に日本語をあてたもので，酢

味ポンのリーフレット
出所：ミツカングループ創業200周年記念誌編纂委員会［2004］『尾州半田発　限りない品質向上を目指して』101ページ。

に柚子やかぼすなどの柑橘果汁，醬油，昆布だしやかつおだしなどを混ぜて作った調味料を称している。ぽん酢そのものは古くからあったが，まだ一般家庭にほとんど普及してなく，料理屋で鍋を注文したときだけ口にするというような位置づけだった。七代又左エ門は，ぽん酢を商品化すれば，新しいかつ美味しい鍋料理を一般家庭でも気軽に楽しめるようになると考えたのであった。さらに，一般にあるようなぽん酢でなく，オリジナルのものを作るよう指示した。研究所の所員たちは料亭に通って本場のぽん酢を研究するとともに，全国から醤油などの原材料を取り寄せて何度も試作を繰り返した。だが七代又左エ門が納得するぽん酢が完成するまで3年かかったという。

苦心の末発売に踏み切った「味つけぽん酢」だったが，発売当初，関西では広く普及していったものの，関東ではほとんど売れなかった。これは鍋文化の違いで，水炊きの習慣がある関西ではもともとぽん酢が知られていたが，寄せ鍋に代表される味付け鍋が主流の関東では「味つけぽん酢」の入り込む余地がほとんどなかったのである。そこで七代又左エ門はスーパーなどの食品売場で試食販売を実施したり，テレビCMなどを利用したりなど粘り強くPR活動を展開していった。こうした努力が実って「味つけぽん酢」

表5-2　中埜酢店の主な新商品（1964～83年）

年	商品名	年	商品名
1964	味つけぽん酢，ドレッシングビネガー	1976	糸わかめ，梅こんぶ茶，おでんの素
1966	粉末すし酢	1977	ゆずぽん酢
1967	（乳化ドレッシング）フレンチ，トマト	1978	中華調味料（7種）
1968	酢豚の素	1979	みりん風調味料（ほんてり，だしいり），しゃぶしゃぶのたれ
1971	サンキストドリンク，冷麺のつゆ，麻婆豆腐の素	1980	おにぎりの素，生ドレ
1972	ワインビネガー，金封米酢	1981	おでんの素
1973	中華スープ	1982	おむすび山（4種），梅ぽん
1974	ねり梅	1983	卓上酢，らっきょう酢，お茶づけ川ぞうすい丸
1975	玉子炒飯の素，特濃味ぽん，土佐酢		

出所：ミツカングループ［2004］129-131ページより作成。

が関東でも徐々に浸透していくと，今度は鍋以外での利用方法を提案することで需要の拡張を図っていった．

「味つけぽん酢」に始まった脱酢への取り組みは，まず本業の食酢に関連するものから始まりさらにその周辺へと広げていった．ドレッシング，中華風調味料，みりん風調味料，鍋物用のつゆ・たれ類，そしてヒット商品となった「おむすび山」などの多彩な商品群がその成果となった（表5-2）．なかにはハンバーガー，飲料，カップサラダなど，長続きせず撤退したものもあった．食酢以外の商品の売上高に占める割合は，1980年には40％前後まで増加した．そして七代又左エ門は，1982年に「脱酢作戦」から「超酢（酢に発し，酢を超える）作戦」と名称変更し，一般加工食品に進出を図るなど，新商品の開発に一段と拍車をかけさせて，総合食品メーカーへと脱皮させようとしたのであった．

2-3-2. 中埜酢店の海外進出

七代又左エ門は，1960年初めにアメリカ視察を行った．そこで約2ヵ月にわたって各地のビネガー工場を見て回るとともに，アメリカでの食酢の販売状況について調査した．とくに七代又左エ門は，現地工場での合理的かつシステマティックな大量生産システムに刺激を受け，ただちにこれを導入することを決意した．同時にアメリカ市場の大きさに魅力を感じ，海外進出への思いを強くしたという．

そもそも食酢の歴史は古く，紀元前5000年にメソポタミア地方でナツメヤシや干しぶどうを原料とした食酢が作られていたことが判明している．その後も食酢は世界各地でさまざまな原料から作られていった．とくに肉食を主体とする欧米では，食酢製造がさかんに行われていた．動物性たんぱく質の摂取量が多くなると，人間は自然と酸っぱいものを要求するからであった．

中埜酢店では，明治中期にハワイ・北米・中国などに初めて食酢を輸出したという記録がある．その後も欧米市場を調査したり，先進技術を取り入れ

ようとしたりするなど，海外を意識した動きは見られたが，本格的な海外進出はまだ行われていなかった。

七代又左エ門は，1977年1月，ハワイにアメリカ現地法人としてナカノUSAを設立した（翌年にロサンゼルスに移設）。そして現地の調査機関と組んで綿密な市場調査を行うとともに，アメリカ進出の拠点となる地を探索させた。食酢は単価が安く，輸出をすれば現地での価格競争力が弱まってしまう。それゆえ七代又左エ門は，早い段階から現地生産を志向した。まずは現地の食酢メーカーを買収し，地域の食酢事情に合わせた形で経営しなければならないと考えていた。

七代又左エ門の長年の思いは，1981年11月にアメリカン・インダストリー社（American Industry Co.: AIC, 本社：サンフランシスコ）の買収で結実した。買収のきっかけは，AICが事業の売却を希望しているという情報をナカノUSAが掴んだことであった。当時AICはブドウを原料としたワインビネガーなどを生産し，全米では約8%，カリフォルニア州では約45%のシェアを持つ，食酢業界では全米第4位の大手企業であった。ロサンゼルスなど西海岸にいくつか工場があり，主として業務用・原料加工用の食酢を供給するほか，「ファンモンクス」「レディスチョイス」のブランドで，全米のスーパーマーケットでも広く販売していた。

ナカノUSAが現地の調査機関を使って徹底的にAICを調査した結果，「急成長した会社だが，借入金が多い」とのことであった。最終決断は七代又左エ門に委ねられたが，彼は「高金利で借金していても利潤をあげている。企業そのものは悪くなく，買収資金は十分に回収できるだろう」と買収を指示した。550万ドル（約12億円：当時）という多額の資金を要したが，今後の事業展開の潜在性を考慮してのことだった。そして1983年に，全米で人気のあるワインビネガー「バレンゴ」の商標権および発酵設備を取得するとともに，社名をAICからアメリカン・フーズ・コーポレーション（American Foods Corporation: AFC）に変更した。社名にフーズという言葉を盛り込んだのは，将来的には食酢以外の商品も手掛けたいという七代又

左エ門の意欲の表れであった（実際に，食酢以外の商品は1990年の「みりん風調味料ほんてり」，1991年の「味ぽん」を皮切りに，次々と現地生産されていった）。

　アメリカの食酢市場は，ワインビネガー，りんごを原料としたサイダービネガー，そして醸造用アルコールを原料としたホワイトビネガーを中心としていた。AFCでもこれらの食酢を製造していた。しかしながら，七代又左エ門は，現地での日本食への嗜好の高まりから，今後日本で最もポピュラーな米酢への需要が高まってくると予想し，商品開発および生産体制の確立に努めるよう指示した。事実アメリカでは1980年代に入って「すしブーム」が発生し，日本食レストランは繁盛していたのである。そこで1984年に，アメリカ人にも受け入れられる「米酢（Natural Rice Vinegar）」と「すし酢（Seasoning Salad Rice Vinegar）」を商品開発し，「NAKANOブランド」の酢として発売した。これらの製品は，日本から半製品を輸送し，現地工場にて壜詰めしたもので，その際にアメリカ人の嗜好に合わせてブレンドを施したものであった。とくにAFCでは，すし店や日本食レストランに向けて出荷していったのである。

　こうしてAFCの経営を軌道に乗せていった結果，中埜酢店は生産量でアメリカのスタンダード・ブラウンド社に次ぐ世界第2位の食酢メーカーの座を占めるようになった。その後も1985年に，発酵とボトリング設備を持つリンドンビルビネガー社（本社：ニューヨーク州）を買収し，東部地区での拠点とした。さらに1987年には中部地区にある，りんごジュース，マスタード，食酢を製造するインディアンサマー社を買収した。アメリカでは地域ごとに会社が林立していたため，アメリカ全土に展開していくには会社を買収していく手段が有効であった。この後も中埜酢店は次々と現地法人を買収して，拠点を拡げていった。なかには赤字の工場もあったが，マネジメントの改善を進めながら粘り強く投資を続けていった。

2-4. 七代又左エ門から八代又左エ門へ

　七代又左エ門は三身活動を推進する一方で，1960年代後半からは「脚下照顧に基づく現状否認」を従業員に強く訴えていた。常に足もとを見直し，どこを変えていったらよいかを考えて，現状を果敢に変えていこうというものである。そこには「企業は現状に満足せず，永遠に伸び続けるべき」という彼の信念が込められていた。そうした七代又左エ門のもとでアイデアに富んだ様々な製品が生み出されると同時に，海外に日本の食酢を広めていくのにも成功した。

　ところで七代又左エ門には3人の息子がいた。3人ともそれぞれ中埜家の事業に携わっているが，七代又左エ門は長男和英に後を継がせようとした。だが和英には，「八代目は継いでもらうが，経営は別」と常に言い聞かせたという。和英に経営者としての能力がなければ別の人物に継がせることもあり得るということであった。和英は1973（昭和48）年に慶応義塾大学を卒業後，中埜酢店に入社し，他の社員と区別されることなく業務をこなしていった。そして海外事業部をはじめ，7代目の指示で責任ある仕事を次々と担当するようになっていった。「手かせ，足かせを沢山つけて奴隷のように重荷をしょわせて働かせてやるんだ。私もやられたんだから」（『日経ビジネス』1984年4月2日号）と七代又左エ門が語るように，和英は後継者となるべく厳しく指導を受けたのである。

　七代又左エ門は，後年，自身は抵抗感のあった又左エ門襲名に関して，「襲名という儀式も，中埜酢店の経営にとって必要なもの，人間の意思なんて弱いものだから，やはり重しがないと…」（同前）と語っている。さらに，襲名したとき歴代の又左エ門に負けてはいられないという気持ちがこみ上げてきたとも振り返っている。伝統の重みをしっかり受けとめて当主としての自覚を持ちつつ，何事にも果敢に挑戦すること，つまり「現状否認」が大事だという。加えて七代又左エ門は，和英に「8代目は継がすが，経営は別」，つまり経営者としての自覚・能力がなければ別の人間に任せるとして，決して安住することのないよう言い聞かせたのであった。そこには又左

エ門を襲名する和英に，ぜひとも自分を越える当主になってもらいたいという思いが込められていた。

　なお，和英が社長に就任したのは七代又左エ門が死去後の2002（平成14）年5月，八代又左エ門を襲名したのは2004年6月のことである。

おわりに

　本章では，キッコーマン（野田醬油）の二代茂木啓三郎とミツカン（中埜酢店）の七代中埜又左エ門を取り上げ，彼らの企業家活動を通じて，在来食品産業である両社が高度成長期にいかなる発展を遂げたかを叙述してきた。
　トップ・マネジメントに就任した両者は，経営発展を企図して，大きく2つの方向で経営改革を断行した。1つは多角化であった。彼らは本業である醬油や食酢の拡大を図る一方で，食の洋風化に対処すべく，将来を見据えて新たな成長分野を模索して，積極的にこれらに進出していった。もちろん，それは決して場当たり的なものでなく，醬油や食酢の関連事業からシナジー効果を企図して展開したのであった。もう1つは国際化である。国内市場だけでなく，海外市場，とくにアメリカ市場に進出することで市場の幅を広げていった。食に対する嗜好はそれぞれの地域の独自性があり，食品産業の海外進出は困難である場合が多い。だが両社はこうした壁に果敢にチャレンジし，日本独自の調味料である醬油と，もともと存在していた食酢で進出の手法こそ違いはあった。すなわち，醬油という日本の食文化そのものを広げていったキッコーマンと，企業買収を実施しかつ融合食品を操業しながら，その国の文化のなかで自社ブランドを広めていったミツカンである。いずれにせよ，現地での自社製品の製造・販売で成功を収めたのであった。
　注目すべきは，二代啓三郎の「産業魂」，七代又左エ門の「三身活動」といった経営理念を打ち立てたことである。これに基づき，在来産業である醬油醸造や食酢製造を重んじながらも，革新の機会を見つけ出してこれを断行すること，すなわち時代の要請にあった経営を機敏に展開していった。こう

した理念は，自らの企業がどうあるべきかという使命感を端的に示したものであり，ひいてはこれまでと同様に顧客志向の考え方を大切にすることを説いたものである。そうした企業ビヘイビアは，長年培ってきたブランドの醸成にもつながった。さらに，経営理念を重視し，それを社内に浸透させることは，組織全体のモラールを高める効果をもたらしたのであった。

ところで，キッコーマンとミツカンは，古くから家族企業として存続してきた。しかも単なる"継承"でなく，変動していく経営環境のなかで，トップが経営能力を発揮して企業を発展へと導いてきた。そしてトップ・マネジメントの継承は，それぞれ長年にわたって工夫をこらしたものであった。創業者家族という限られた母集団のなかから，家族企業のトップ・マネジメントとしてふさわしい人材を選び，確保していくのは簡単なことではないが，本章で取り上げた2社は，家族企業として努力を積み重ねていったユニークなケースでもある。

注
1) 本章は，拙著「地場産業の改革者―二代茂木啓三郎／七代中埜又エ門」法政大学イノベーション・マネジメント研究センター・宇田川勝編『ケース・スタディー日本の企業家群像』文眞堂，2008年に加筆修正を加えたものである。

参考文献
○二代茂木啓三郎について
吉村昭『産業魂：茂木啓三郎の人と経営』日本能率協会，1976年。
茂木啓三郎「私の履歴書」『私の履歴書』経済人14，日本経済新聞社，1980年。
茂木友三郎『国境は越えるためにある』日本経済新聞出版社，2013年。
キッコーマン株式会社社編・刊『キッコーマン株式会社八十年史』，2000年。
○七代中埜又エ門について
森川英正『地方財閥』日本経済新聞社，1985年。
日本福祉大学知多半島総合研究所・博物館「酢の里」『中埜家文書にみる酢造りの歴史と文化（全5巻）』中央公論社，1998年。
ミツカングループ創業200周年記念誌編纂委員会『MATAZAEMON―七人の又左衛門』，2004年。
船橋晴雄『新日本永代蔵―企業永続の法則』日経BP社，2003年。

（生島　淳）

事項索引

[アルファベット]

AP (アメリカプラント) 委員会　128

[あ行]

青旗缶詰 (現・アヲハタ)　56, 68
赤玉楽劇団　19
赤玉ポートワイン　17
味つけぽん酢　137
味の素　44, 48, 49, 51, 54, 65, 66, 68
　──会　51
　──本舗　50
アメリカン・インダストリー社 (American Industry Co.: AIC)　140
アメリカン・フーズ・コーポレーション (American Foods Corporation: AFC)　140
安房沃度製造所　46
一手販売契約　93
梅沢商店　49
塩水港製糖　73, 78, 87, 93, 94, 95, 96
おむすび山　139
オラガビール　24

[か行]

開函券制度　51
開函通知書　60, 64
開函通知制度　19
開函通知票　51
開進組　56
カップヌードル　104, 111, 112
加藤小兵衛商店　45
鐘淵紡績　51, 55
カルピス　35
缶コーヒー　104
甘蔗　75, 76, 96

関東沃度同業組合　46
含蜜糖　74
キッコーマン・インターナショナル・インコーポレーテッド (Kikkoman International Inc.: KII)　127
キッコーマン・フーズ・インコーポレーテッド (Kikkoman Foods, Inc.: KFI)　129
キユーピー　61, 68
キユーピーマヨネーズ　44, 59, 60, 62, 63, 65, 66, 68
近代製糖業　73, 75, 76, 78, 79, 82, 83, 84, 86, 93, 94, 95, 96
金融恐慌　78
業界再編　78
ギル商会　57
原料採取区域　76, 77, 83, 87, 94, 96
原料糖　74, 96
原料糖売買契約　96
原料ヘビ説　52
耕地白糖　74, 89, 93, 94, 95, 96
高度経済成長　101, 103
耕余塾　45
国分商店　49
コーディネーター機能　83, 93
寿屋　20
小西儀助商店　14

[さ行]

祭原商店　18
産業魂　122
サントリー　27
　──ウイスキー角瓶　25
　──ウイスキー白札　24
　──オールド (黒丸)　26
三身活動　136
在来産業　118

事項索引

消費者保護基本法　136
昭和護謨　88, 90, 91, 92
食の前提　104, 108, 111, 113
食の洋風化　13
食品工業（現・キユーピー）　58, 68
新高製糖　78
ジニ係数　102
準国策会社　83, 93
水産講習所　56, 56
鈴木商店　50, 89, 94
鈴木製薬所　46
鈴木洋酒店　49
スマトラ興業　88, 90, 91, 92
スモカ　24
生活の前提　101, 113
生産調節　76
精製糖　73, 79, 80, 81, 88, 93, 94, 96, 97
精製糖用　74
製糖場取締規則　76, 87, 96
セーフウエイ　127
粗糖　74

[た行]

第1次洋酒ブーム　26
大衆消費社会　102
大正製菓　88, 91, 92
台湾製糖　73, 78, 79, 82, 83, 84, 87, 90, 93, 96
台湾総督府　83, 85, 86
高輪仏教大学　29
滝屋　44, 45
醍醐素　33
醍醐味　32
大日本製糖　73, 78, 82, 87, 89, 90, 93, 94, 96
大明治　88, 89, 90, 91
脱酢作戦　136
チキンラーメン　110, 113
超酢（酢に発し、酢を超える）作戦　139
直接消費糖　74, 96
堤商会（現・マルハニチロホールディングス）　56, 57
デルモンテ・トマトケチャップ　125
デルモンテ・トマトジュース　125

糖業連合会　76, 83, 93, 95, 96
東洋製罐　53, 56
東洋製糖　78, 87, 89, 94
特殊地理環境　78
特殊地理条件　94
鳥井商店　15
トリスウイスキー　21

[な行]

中島商店（現・中島董商店）　57, 60, 62, 68
ナカノUSA　140
中埜生化学研究所　137
西本願寺文学寮　28
日清食品　101, 109
日糖事件　81
日本化学工業　46, 49
日本カルパック　125
日本精製糖　80, 81, 82, 83, 84
日本マクドナルド　101, 107
ヌード・ポスター　20
野田醤油　119

[は行]

蜂印香竄葡萄酒　17
ハンバーガー　104, 113
日比野商店　49
藤井大丸　106
分蜜糖　73, 74, 75, 76, 93, 94, 96
文明開化　13
米糖相剋　76, 78, 94
ペットボトル茶　104
ヘリングボーン式巻取缶　53
逸見山陽堂（現・サンヨー堂）　57

[ま行]

マクドナルド　105
松下商店　49, 51
マンズワイン　126
三重沃度製造　46
三井物産　82, 93
三越百貨店銀座店　105
三菱商事　58, 110
向獅子印甘味葡萄酒　16
明治商店　90, 91, 92, 93

明治製菓　88, 90, 91, 92
明治製糖　73, 78, 79, 84, 85, 86, 87, 88, 89, 90, 91, 92, 93, 94, 96
明治乳業　90, 91, 92
森永コーラス　39

[や行]

やってみなはれ　27
洋酒報国（造酒報国）　21

四大製糖　73, 78, 79, 89, 96

[ら行]

ラクトー　33
　　——キャラメル　33
林本源製糖　78

[わ]

若菜商店　56

人名索引

[あ行]

有嶋健助　88, 90, 91
安藤百福　101, 108, 110, 112, 113
池田菊苗　47, 48
伊谷以知二郎　56
井上馨　82
上田貞次郎　121
大隈重信　30
大倉喜八郎　46
岡田茂　105
小川鉦吉　85, 87

[か行]

驪城卓爾　37
五代茂木房五郎　124

[さ行]

佐治敬三　27
初代中野又左衛門　131
十代茂木左平治　130
杉村楚人冠　28
鈴木三郎　48, 49, 51, 67
鈴木忠治　46, 48, 53, 67
鈴木藤三郎　73, 78, 79, 80, 81, 82, 83, 84, 93, 96
相馬半治　73, 78, 79, 84, 85, 86, 87, 88, 90, 91, 96

[た行]

高碕達之助　56
武智直道　96
竹鶴政孝　22
津下紋太郎　33

土倉五郎　30
道面豊信　50

[な行]

中島裁之　29
中島董一郎　44, 55, 57, 58, 60, 62, 64, 65, 67, 68
中島雄一　67
西川定義　16
二代鈴木三郎助　44, 46, 47, 48, 49, 50, 52, 65, 67, 68
二宮尊徳　79, 80

[は行]

八代又左エ門　143
藤田田　101, 104, 107, 113
藤山雷太　82, 93

[ま行]

馬越恭平　49
益田孝　82, 83
武藤山治　51
村田春齢　45
茂木啓三郎　123
茂木七郎右衛門　122

[や行]

山田耕筰　35

[ら行]

レイ・クロック　105
六代又左衛門　133
六代茂木七郎右衛門　120

法政大学イノベーション・マネジメント研究センター叢書 7
企業家活動でたどる日本の食品産業史
わが国食品産業の改革者に学ぶ

2014 年 3 月 26 日　第 1 版第 1 刷発行　　　　　　　　　　検印省略

監　修	法政大学イノベーション・マネジメント研究センター
	宇　田　川　　　　勝
編著者	生　島　　　　　淳
	宇　田　川　　　　勝
発行者	前　野　　　　　弘
発行所	株式会社 **文　眞　堂**

東京都新宿区早稲田鶴巻町 533
電　話　03 (3202) 8480
FAX　03 (3203) 2638
http://www.bunshin-do.co.jp/
〒162-0041　振替00120-2-96437

製作：モリモト印刷

© Masaru Udagawa and The Research Institute for Innovation Management,
Hosei University. 2014　Printed in Japan
定価はカバー裏に表示してあります
ISBN978-4-8309-4817-6 C3034